풍수랑 놀면
부자가 된다

즐거운 인생을 위한 해답

풍수랑 놀면 부자가 된다

박 종 경 지음

청어람 M&B

보통 '풍수'라고 하면 많은 사람들은 쉽게 묘 자리를 연상하며, 미신적인 요소가 많다고 생각한다. 그래서 '과연 명당(혈)이란 것이 존재할까? 라며 불신을 갖는다. 그리고 '만약 존재한다 하더라도 이미 다 찾아 썼을 텐데, 과연 지금까지 남아 있을까? 하는 의구심을 가지기도 한다.

우리는 과학만능주의 시대에 살고 있다. 그래서 과학적으로 입증되지 않으면 미신으로 치부하고 믿지 않으려 하는 듯하다.

하지만 분명 지구는 자전과 공전을 하면서 많은 에너지(기운)를 발생시키고 있다. 이중 어떤 특정한 곳에 에너지가 분출하게 되는데, 풍수는 바로 그곳을 찾아 분출되는 에너지(기운)를 인간의 삶에 유용하게 활용하려는 학문이다.

실제 풍수가 지향하는 최고의 가치인 명당(혈)이 한반도 곳곳에

산재해 있다. 하지만 우리가 제대로 찾아내지 못하여 활용하지 못하고 있을 뿐이다.

풍수를 제대로 알고 활용한다면 개인의 행복을 얻는 것은 물론 사회 전반적으로도 큰 가치를 얻게 될 것이다. 물론 국가 발전에도 상당히 도움이 될 것이다.

저자는 한반도뿐 아니라 중국, 일본, 인도, 미국, 중남미, 유럽, 아프리카 등지를 여행하며 인간은 누구나 삶을 영위하는 데 있어 가장 살기 좋은 곳을 택하려 했다는 사실을 알 수 있었다. 그리고 그곳이 바로 우리가 말하는 풍수상 명당(혈)인 것을 확인했다.

이 책은 저자가 직접 현장을 답사한 곳들을 통해 인류가 자신의 삶을 풍요롭게 영위하기 위해 터를 어떻게 활용했는지를 분석하고 기록한 것이다.

이 책이 풍수를 사랑하는 사람들에게 미력하나마 보탬이 되었으면 하는 것은 물론, 아직 풍수를 알지 못하는 이들에게도 쉽게 풍수를 접할 수 있는 계기가 되기를 바란다.

이 책이 출판되는 데 저자에게 많은 분들이 도움을 주셨다. 이 자리를 빌어 그분들께 감사의 마음을 전하고자 한다.

우선 힘든 여건 속에서도 끝까지 학문적으로 이끌어주신 대구한의대학교 성동환, 김병우 교수님과 오랜 세월 가르침을 주었던 정경연 선생님께 감사드린다. 그리고 풍수지리에 대한 남다른 열정으로 10여 년간 밤낮을 가리지 않고 현장을 함께 누비며 동문수학 한 조남선 교수님께 깊은 감사의 뜻을 전한다.

아울러 답사 때 저자를 동생처럼 보살펴 주신 최연희 님과 김은희 총무님, 정재안 님, 한승구 님, 서용범 님, 김영철 님, 박봉식

님, 김종대 님, 장현성 님, 이종목 님, 황용선 님, 이중희 님, 한상
국 님, 윤태영 님, 이문수 님 등을 비롯해 그 외 많은 분들과 끝까
지 옆에서 묵묵히 지켜봐 준 가족들 그리고 이 책이 출간되기까
지 아낌없는 성원을 주신 청어람 출판사 사장님과 관계자 여러분
께 감사의 말씀을 전한다.

2011년 2월, 박종경

| 차례 |

제4장 세계 속에서 보는 풍수지리

들어가기에 앞서

풍수지리를 통해서만
이룰 수 있는 인간의 꿈

풍수지리를 통해서만
이룰 수 있는 인간의 꿈

사람은 누구나 아름다움을 추구한다. 푸른 초원 위에 그림 같은 집을 짓고 살고자 하는 바람도 이러한 마음에서 비롯된 것일 게다. 그래서 도시 주변의 전망 좋은 곳들은 사람들의 전원생활에의 동경으로 인해 무분별하게 개발되어 훼손되고 있다.

하지만 자연을 훼손하면서까지 욕심껏 지은 집은 그들의 바람과는 달리 아름답지 않다. 주변 환경과 조화를 이루지 못해 오히려 흉물스럽게 보이기까지 한다. 뿐만 아니라 그들의 전원생활 역시 낭만적이고 여유롭지 못한 경우가 많다.

몇해 전 어느 전원주택을 방문한 적이 있다. 양쪽에 흐르는 개울 때문인지 마치 무릉도원을 연상시키는 곳이었다. 집 구경을 청하고 안으로 들어갔는데, 막상 집안에서 천천히 주변을 둘러보니 집이 주변과 어울리지 않는다는 것을 알 수 있었다.

집이 골짜기에 너무 가까이 있어 골바람을 피할 수 없고, 뒷산이 너무 험한 바위로 되어 있어 왠지 마음을 편치 않게 했다. 또한 정면에 험한 바위가 집을 향하고 있어 오싹한 기분마저 들었다(녹음이 무성해지는 계절엔 바위가 많이 가려져 잘 보이지 않지만 말이다). 왠지 이 집에 무슨 변고가 생길 것 같았다.

그런데 2년 후, 정말 집 안주인이 사고로 사망해 그 집이 매물로 나왔다는 소식을 들었다. 그 집에 다시 가보니 문은 잠겨 있고 집은 폐허가 되어 있었다. 무상감이 밀려와 자연의 섭리에 숙연해질 뿐이었다.

최근 들어 우리는 예전에 겪지 않았던 자연재해와 기상이변으로 인해 수많은 재산 피해와 인명 손실을 입고 있다. 중국의 쓰촨 성, 일본의 고베, 아이티, 칠레 등의 대지진과 인도네시아 쓰나미 해일 그리고 아이슬란드의 화산폭발로 인한 화산재 피해 등이 그 예이다.

왜 자연으로 인해 해를 입는 일이 자꾸 발생하는 것일까? 그 이유는 바로 인간의 어리석음에 있다. 단적인 예로 우리 선조들은 강가나 개울가, 골짜기, 전망 좋은 산 능선 등에 집을 짓지 않

골짜기 바람길

▲ 골짜기 중앙에 짓는 경우 바람의 영향으로 이런 곳에 오래 거주하면 신체적 정신적 건강에 좋지 않은 영향을 받는다.

왔다. 자연의 이치를 알고 있었던 때문이다. 개울가나 산 능선이 아무리 경관이 좋다고 해도 집 터로 적합하지 않은 곳임을 알았고, 그 땅의 기운에 순응하며 살았다.

하지만 지금 대부분의 사람들은 풍수를 알지 못한다. 알지 못할 뿐 아니라 미신이라 치부하기도 한다. 하지만 앞의 사례에서 보듯 집 터가 사람에게 미치는 영향은 상당하다. 좋지 않은 곳에

물길-바람길

▲ 계곡 옆에 건축물을 지으면 계곡물 소리를 사시사철 들을 수 있어 좋으나 풍수상 물소리는 곡소리 (울음소리)로 해석하여 좋지 않게 평가한다. 그래서 이런 곳에 위치한 건축물들은 주인이 자주 바뀌는 경향이 있다.

터를 잡으면 목숨까지 잃게 되는 것이다.

부동산 개발과 풍수지리

부자들이 사는 곳, 아이들이 공부를 잘하는 곳이라고 소문난 곳들은 실제 풍수지리적으로 좋은 곳에 터를 잡았다고 기대하기 마련이다. 물론 실제 그러한 곳도 있다. 하지만 부동산 개발은 경

▲ 배수관 위에 주택을 건축하여 거주하는 경우 전원주택지에서 배수관은 보통 물길 위에 설치하게 되므로 골짜기의 자연 성질과 물의 흐름에 의한 온도 차이 등으로 거주자에게 정신적 물질적으로 많은 피해를 주게 된다. 골짜기를 메워 지은 도시에 위치한 상가의 경우도 똑같은 현상이 나타난다.

제적인 면에, 풍수지리는 환경적인 측면에 가깝다 보니 서로 상충되는 경우가 많다. 뿐만 아니라 풍수지리상 피해야 할 곳에 경제적으로 이익이 된다는 이유만으로 개발이 이루어지기도 한다.

양택(陽宅) 풍수지리는 경제적 이익보다 인간의 안녕된 존재를 최고의 가치로 여긴다. 즉, 건강하고 행복한 삶을 영위하는 것을 최우선으로 본다.

따라서 부동산의 경제 논리가 아닌 풍수지리적 관점에서 자신의 터를 정할 줄 안다면, 당장의 이익보다 더 큰 운을 맞이할 수 있게 되는 것이다.

현대인의 주된 주거형태인 아파트의 경우도 다르지 않다. 당연히 각 동이 놓인 땅에 따라 다른 운을 가지게 된다. 실제 잘되어서 돈을 벌어 더 큰 집으로 이사를 하는 가정이 있는가 하면, 반대로 사업이 망해서 작은 집으로 이사를 하거나 그 동에 거주하는 사람들의 건강이 좋지 않은 경우도 있다.

즉 전자의 경우는 좋은 터(명당:혈)에 위치해 있기 때문이고, 후자의 경우는 산 능선으로써 지맥이 지나가는 곳이거나 골짜기를 메운 곳에 위치한 때문이다. 이런 곳에 지어진 아파트에 거주하는 사람들 중에는 이곳에 이사 오기 전에는 없던 각종 질환이 생기는 경우도 있고, 상당한 수의 자살 사건이 발생하는 경우도 있다.

그렇다면 터를 잡을 때 어떠한 점들을 알아야 할까?

땅의 모양은 크게 능선 마루와 골짜기 그리고 그 중간 부분으로 구분할 수 있다. 어느 땅이든 이 세 부분 중 하나에 해당된다.

능선의 마루는 지맥을 타고 지기(地氣)가 흘러가기 때문에 '과룡조장은 삼대내 절향화(過龍造葬 三代內 絶香火)'라 하여 금기시하여 왔다. 즉 삼대 안에 대가 끊긴다는 것이다. 음택(陰宅)이 이렇게 흉한데 양택이 편한 자리가 될 리가 없다. 따라서 능선 마루에 건물을 앉히는 것은 특별한 주의를 기울여야 한다.

골짜기에 물이 흐르는 경우가 있고, 그렇지 않은 경우, 즉 비가 올 때만 일시적으로 물이 흐르는 경우가 있다. 어떠한 경우든 지표수와 지표 아래의 물은 골짜기를 통하여 지대가 낮은 곳으로 흘러가게 된다. 이런 물길에 건물을 짓게 되면 거주자가 습한 곳에서 잠을 자는 게 되어 늘 몸이 무겁고 병치레가 많아진다.

또한 골짜기는 바람이 지나는 통로여서 항상 바람에 노출된다. 강한 바람에 노출이 되면 심리적으로 안정이 되지 못한다. 옛날에는 골짜기에 음택(묘) 같은 것을 사용할 생각을 전혀 하지 않았기 때문에 풍수지리학 관련 문헌에는 골짜기에 관해 일체 언급하지 않았다. 그러나 현대에 와서 골짜기를 메워 택지 등으로 사용하는 경우가 생기다 보니 예기치 못한 일들이 발생한다. 산을 깎아 골짜기를 메워 겉으로는 평지처럼 보이더라도, 골짜기의 속성은 그대로 가지고 있다는 것을 잊지 말아야 할 것이다.

1. 풍수지리 이론을 적용한 터 잡기

- 보국(保國)이 갖추어져 장풍(長風)이 되는 곳
- 좌우 주변 산들이 잘 감싸주는 곳의 중심부에 해당하는 곳
- 산의 가파른 곳과 밋밋한 곳 중 밋밋한 곳
- 산의 끝자락에 해당하는 곳
- 골짜기에 해당하지 않는 곳
- 주변 산세의 험한 곳이 보이지 않는 곳
- 물길이 감싸 안아주는 곳

2. 풍수지리 이론을 적용한 집짓기

- 건물이 명당(혈)을 깔고 앉도록 짓는다. 산 끝자락(용진처) 부근의 터라면 명 (혈처)을 확인하여 반드시 명당(혈)을 활용하도록 한다.
- 명당(혈처)에 짓는 건물은 바닥이 지면에 접촉해야 한다. 지기는 바람을 타면 흩어지기 때문에 필로티(Pilotis) 구조로 된 건물은 명당(혈처)일지라도 지기를 받지 못한다. 이런 건물이 있다면 옆의 벽면을 최대한 막아주는 것이 좋다.
- 과룡처(過龍處)에는 건물을 짓지 않는다. 능선의 등마루 50㎝ 정도가 지맥이기 때문에 행룡(行龍) 중인 능선의 중간에 부득이하게 건물을 지어야 할 때는 이 부분을 피할 수 있는 방안을 연구해 보아야 한다.
- 물길 가까이에는 건물을 짓지 않는다. 물길은 물이 흐르는 부분이면서 바람이 지나는 통로이기 때문에 물길에 가까이 갈수록 골짜기의 곁 바람을 맞을 가능성이 높다. 물길 옆의 터라면 반드시 물길의 바람을 막을 담장을 쌓거나 나무를 심어야 한다.
- 장풍이 부족하면 화단을 만들고 나무를 심어 바람을 막는다. 옛날 사람들은 산을 만들거나, 수구막이 비보(裨補) 숲을 조성하여 바람의 피해를 줄였다.

제1장
우리 생활 속에서 보는 풍수지리

복권 명당이란 있는 것일까?

음식점이 잘되는 데에는 이유가 있다!

황무지에서 한국의 맨해튼으로 탈바꿈한 여의도와 대권 명당

훌륭한 자녀를 얻기 위해서는 풍수를 알아야 한다

명당에서 태어나 자란 박정희 전 대통령

3대 재벌 삼성, LG, 효성의 창업주들을 배출한 명당 학교

화염 속에서 낙산사 보타전은 왜 불타지 않았는가?

청와대는 명당인가?

명동성당은 명당이다

황부자의 전설이 깃든 황지연못은 천하의 대 명당수다

복권 명당이란 있는 것일까?

언론지상에 소개된 인생을 바꿀 만한 대박을 터뜨린 행운아들을 보면서 많은 사람들은 그들을 부러워하며 자기 자신도 언젠가 그 주인공이 되기를 기대한다. 그래서 막연한 기대감을 가지고 그 행운아들이 탄생한 장소를 찾아가 복권을 구입하곤 한다.

복권에 당첨될 확률은 벼락에 맞아 죽을 확률보다 낮은 약 815만분의 1이라고 한다. 게다가 전국에는 복권위원회의 통계에 따르면 대략 8,800여 개의 복권방이 있다고 하니, 한 명의 행운아를 탄생시키는 것만으로도 거의 기적에 가까운 일이다. 그러니 같은 복권방에서 또다시 당첨자가 탄생할 확률은 0이나 다름없다.

그런데 믿기지 않게도 어떤 복권방에서는 서너 번에서 최고 열세 번까지 당첨자가 나왔다. 그 장소들은 바로 서울 상계동의 스파(열세 번), 부산 동구 범일동의 부일카센터의 천하명당복권방(열 번), 충남 홍성의 천하명당(여덟 번), 경남 양산시 평산동의 문성편의점 복권방(일곱 번) 등이다.

인위적으로 조작하지 않고서는 도저히 불가능한 일이다. 그러나 이런 믿기지 않은 일들은 일어났다. 그리고 어쩌면 앞으로도 계속 일어날 것이다.

그렇다면 이는 무엇으로 설명할 수 있을까? 땅이 가지고 있는 어떤 '기운'에 그 답이 있다. 복권 당첨이 한 번도 나오기 힘든데 이렇게 여러 번 나오는 것은 바로 복권방이 풍수지리상 명당(혈)에 위치했기 때문이다.

땅은 우리가 느끼지 못하는 에너지를 끊임없이 만들어내고 있다. 예전에 TV 프로그램 〈EBS 세계테마기행—에콰도르〉(2009.1.15 방영)에서 에콰도르의 수도 키토의 적도 선상에서 했던 실험을 보여주었다. 일반적으로 적도 선상에서 물을 담은 용기에 구멍을 낸 후 물을 부으면 물이 수직으로 내려가는데, 적도에서 남쪽으로 50센티미터 떨어진 곳에서 물을 부으니 물이 시계 방향으로 돌면서 내려가고, 적도 선상에서 북쪽으로 같은 거리만큼 떨어진 곳에서는 시계 반대 방향으로 돌면서 내려가는 모습을 볼 수 있

었다. 이는 땅의 기운을 증명한 실험이다.

　땅은 특성(땅이 태초에 생성될 때 가지고 있던 특성. 즉 능선, 골짜기, 습지 등)을 가지고 있다. 보이는 형태가 달라진다고 해서 특성이 사라지는 것은 아니다. 집을 짓기 위해 평탄(平坦) 작업을 하면 전에 있던 특성들은 보이지 않고 현재의 특성만 보인다. 골짜기를 메우면 그냥 평지로 보이는 것이다. 그러나 그 땅은 여전히 골짜기의 특성을 갖는다. 사람이 얼굴에 화장을 한다고 해서 화장 전 본래 모습이 변하지 않는 것처럼 말이다.

　복권에 당첨된 사람들의 얘기를 종합해 보면 꿈에서 어떤 계시가 있어 복권을 구입하게 된 경우가 많다. 그렇다면 수많은 사람들이 꿈이라든가 혹은 어떤 계시에 의해 복권을 살 경우엔 모두 당첨되어야 할 것이다. 그러나 그렇지 않다. 이들의 예에서 알 수

있듯 복권을 구입하는 사람의 운 만큼이나 복권방의 기운이 중요한 것이다. 즉, 복권에 당첨되기 위해서는 복권을 구입하는 사람의 운과 복권을 판매하는 장소(복권방)의 기운이 합쳐져야만 한다.

　복권을 구입하는 이들은 풍수지리상 명당(혈)을 믿지 않으면서도 혹시나 하는 마음으로 많은 당첨자를 배출한 복권방에 가서 복권을 구입하거나 우편으로라도 구입하려고 한다. 어쩌면 많은 이들이 은연중 풍수지리상 명당(혈)을 믿고 있는지도 모르겠다.

"저 음식점은 맛도 별로 없는데, 사람들이 왜 그리 붐빌까? 저렇게 줄까지 서 가면서 말이야."

같은 도로 선상에 붙어 있는 음식점 중 어떤 음식점은 손님이 너무 많아 즐거운 비명을 지르는가 하면, 어떤 음식점은 손님이 너무 없어 파리만 날리는 것을 종종 볼 수 있다.

음식의 메뉴도 같고, 가격도 같고, 시설이나 서비스 면에서 큰 차이가 나지 않는데, 그중 유독 장사가 잘되는 곳이 있는 것을 보면 신기할 따름이다. 도대체 이유가 뭘까? 원인은 바로 그 터에 있다.

음식점은 주로 산이나 논, 밭 등을 개간하여 만들어진 평지에 지어진다. 따라서 음식점이 어디에 위치해 있느냐에 따라 운이

▲ 항상 손님이 끊이지 않는 일본 오사카 스시바이킹, 내부 홀에 명당(혈)이 있다.

▼ 명당 음식점으로 유명한 중국 상해 옛 거리, 200년 된 남양 만두집은 주방에 명당(혈)이 있다.

▲ 외식 산업으로 중견 기업에 버금가는 양주 장흥 송추 가마골 신관 전경, 신관과 본관 모두 명당 (혈)을 깔고 있다.

달라지는 것이다. 외관상으로는 모두 평탄한 택지 위에 지어진 것처럼 보이지만 실제는 원래 땅의 성질이 작용하기 때문에 땅의 기운이 뭉쳐 있는 산의 끝자락, 즉 용진처(龍盡處)에 위치했느냐, 골짜기를 메워 만든 택지 위에 위치했느냐 혹은 지맥(地脈)이 흐르는 중간 지점에 위치했느냐에 따라 차이가 나는 것이다.

특히 지맥이 흐르는 중간 지점에 있는 경우와 골짜기를 메운 곳에 지어진 음식점의 경우는 대부분 장기적으로 장사를 하지 못하고 주인이 자주 바뀌는 것을 볼 수 있다.

지인 중에 음식점을 경영하는 분이 있는데 신기하게도 그분이 하는 음식점마다 장사가 너무 잘된다. 음식점 위치를 확인해 보니 대부분 명당(혈)을 깔고 있었다. 명당(혈)을 깔고 있는 음식점과 그렇지 못한 음식점의 매출 차이는 실로 상당하다고 한다. 풍수지리의 명당(혈)에 대한 개념이 없을 때는 장사가 잘되거나 그렇지 못한 이유가 무엇인지 알 수 없었다고 했다.

가맹점의 경우에는 모두 본사에서 제공하는 같은 재료를 사용하는 것은 물론, 비슷한 상권에 입점하기 때문에 차이가 나는 이유를 더더구나 알 수 없었다는 것이다.

그러나 같은 메뉴를 파는 가맹점이라 하더라도 어느 곳에 위치하느냐에 따라 결과는 크게 달라진다. 명당(혈)에 위치하게 되면 식당을 경영하는 주인이나 그곳에서 일하는 직원들이 자신도 모르게 신이 나서 열심히 일하게 되고, 그러다 보니 수입이 늘어나서 식당을 찾는 손님에게 정성을 다하게 된다. 뿐만 아니라 좋은 기운이 흐르는 곳이기 때문에 손님의 마음이 안정되어 식사를 편하게 할 수 있어서 손님 스스로 식사를 아주 잘한 것처럼 느끼게 되는 것이다.

게다가 좋은 기운이 나오기 때문에 음식물이 신선해 보이는 것은 물론 실제로 다른 곳에서보다 음식이 빨리 상하지도 않는다.

저자가 전국 각지는 물론 세계 여러 나라의 음식점들을 다녀봤는데, 장사가 잘되는 음식점들은 분명 풍수학적 측면에 이유가 있었다.

이렇다 보니 최근 학계에서도 장사가 잘되는 음식점들의 입지 조건을 풍수학적 측면에서 연구하고 있다. 결국 경제적 부도 풍수를 알아야 얻을 수 있는 것이다.

황무지에서 한국의 맨해튼으로 탈바꿈한 여의도와 대권 명당

여의도는 한강이 흐르면서 모래가 퇴적하여 형성된 모래섬으로 알려져 있다. 조선시대 양화도, 나의주 등으로 불렸던 이곳이 홍수로 범람할 때 현재 국회의사당 자리인 양말산만 잠기지 않고 머리를 내밀고 있어 '나의 섬', '너의 섬'이라고 부른 데서 유래되어 여의도(汝矣島)가 되었다고 한다.

지금의 여의도는 1968년 박정희 전 대통령의 한강종합개발계획의 일환으로 만들어진 것이다. 도시 현대화의 모델이 되어 개인주택 없이 아파트와 빌딩만으로 이루어져 오늘날에 이른다.

여의도는 정치와 경제의 중심지이다. 국회의사당을 중심으로 각 정당의 당 사무실과 사회단체 등 18개의 공공기관이 자리하고 있고, 증권거래소 등 59개의 금융기관, KBS, MBC 등 5개의 언론기관을 비롯해, 여의도순복음교회 등 11개 대형 종교시설과 2개의 백화점 그리고 6개의 학교가 자리하고 있다. 그래서 국회 의정 활동 상황, 금융기관과 증권가 소식 등 대부분의 뉴스가 여의도에 집중된다.

그런데 정치, 경제, 언론의 중심지인 여의도가 한낱 강이 흐르며 토양을 퇴적한 모래톱이라면 과연 이렇게 번창할 수 있겠는가?

현재의 여의도 지형을 보면 육지와 붙은 부분은 샛강이다. 하지만 여름철 장마에 범람하여 샛강으로써의 기능을 할 뿐 평상시는 건천(乾川)으로 있다. 또한 반대편인 마포대교 쪽은 한강으로써의 역할을 다하고 있다. 물길이 바람길이다 보니 바람이 많이 타는 마포대교 방향에는 공공기관이나 금융기관이 위치해 있지 않은 것을 볼 수 있는데 이는 기가 바람을 싫어하는 것처럼 사람도 기운이 없는 곳에 잘 모이지 않기 때문이다.

반면 샛강 쪽은 현재 작은 하천의 형태를 갖추고 있다. 예전에는 관악산 쪽에서 내려오는 작은 능선이 여의도와 연결되었다. 그런데 큰 비가 와서 여의도가 물에 잠길 경우 육지에서 내려오는 하천의 유속보다 한강의 본류에서 내려오는 유속이 빨라 육지

▲ 여의도의 전경과 용맥도 (출처 : 포털 구글 지도)

와 육지를 연결하는 작은 능선이 많이 변형된 것이다. 그리고 개발로 인하여 샛강 쪽은 하나의 커다란 하천으로 변형되어 현재의 모습을 이루었다고 볼 수 있다.

즉, 여의도는 원래 섬이 아니라 육지와 연결된 반도였는데 큰 비가 오면 범람하여 섬으로 보이게 된 것이다.

조선시대에 작성된 '산경표(山經表)'에 의하면 산줄기는 백두산에서 시작하여 1개의 대간과 1개의 정간, 13개의 정맥으로 구

용맥

관악산 능선자락

▲ 여의도의 용맥 흐름 (출처:포털 구글 지도)

분된다.

여의도는 13개의 정맥 중 한남정맥에 속한다. 한남정맥은 한강 남쪽의 산줄기로 속리산에서 북쪽으로 이어진 한남금북정맥의 죽산 칠현산에서부터 시작하여 용인 부아산, 함박산, 석성산, 수원 광교산, 백운산, 군포 수리산, 인천 소래산을 거쳐 김포 문수산까지 이어진다. 그중 여의도로 이어지는 산줄기는 백운산(564m)에서 북으로 갈라진 산맥으로 바라산(428m), 국사봉(540m)

을 거쳐 청계산(620m)으로 이어지는 중간 지점에서 서쪽으로 관악산(629m)을 만든다.

이 관악산의 한 산줄기가 사육신묘가 있는 방향으로 63빌딩으로 넘어가는 여의지하차도로 이어져 양말산까지 끌고 가서 여의도 전체를 포근히 감싸 안는 형국을 이룬다. 대개 산줄기가 끝나는 부분에 땅의 기운이 모이게 되므로 사람이 살기에 좋은 곳이 되는 것이다.

또한 정치 1번지 여의도의 국회 건너편에 몰려 있는 4개의 빌딩은 '명당'으로 부각되고 있다. 이곳에서 대통령이 잇달아 배출되었기 때문이다. 그 명당은 바로 여의도동 14—31 한양빌딩으로, 1997년 15대 대선 때 이곳에 당사를 둔 새정치국민회의 김대중 후보가 4수 끝에 대권을 쟁취했고, 공교롭게도 10년 뒤인 2007년 2월 이곳에 둥지를 튼 한나라당도 이명박 후보를 대통령으로 당선시켰다. 앞서 2003년 민주노동당도 이곳에 당사를 마련한 뒤 10명의 국회의원을 배출하는 최고의 성적을 거뒀다.

한나라당은 여의도 당사를 마련하면서 한양빌딩을 최우선으로 점찍었다고 한다. 현재 이 빌딩 12층 건물 중 8개 층을 임차해 쓰고 있다.

▲ 대권 명당이 모여 있는 여의도 국회의사당 앞 (출처 : 포털 네이버 지도)

　바로 옆에 붙어 있는 금강빌딩은 노무현 당시 민주당 고문을
당 대선후보로 만들어낸 곳이다. 노 전 대통령은 해양수산부 장
관을 그만둔 뒤 2000년 10월 이곳에 사무실을 내고 당내 경선을
치렀다. 경쟁자인 이인제 후보를 이곳에서 이겼고, 결국 대통령
이 되었다.

　금강빌딩 바로 길 건너에 있는 용산빌딩은 이명박 대통령이
박근혜 전 대표 등을 상대로 당내 경선에서 승리를 일궈낸 곳이

다. 이 대통령은 당시 이곳 3층과 10층에 둥지를 틀고 경선에 돌입했다.

용산빌딩 옆에 있는 대하빌딩도 정가(政街)에서는 명당으로 손꼽힌다. 김대중 전 대통령의 1995년 정계 복귀와 1997년 대선이 이곳에서 태동되었기 때문이다. 1995년 조순 전 부총리, 1998년 고건 전 총리가 서울시장에 출마해 당선될 때도 이곳에 사무실을 두었다.

4개의 건물의 위치를 풍수적으로 살펴보면 양말산에서 뻗은 능선이 하나는 한양빌딩, 금강빌딩 방향으로, 그리고 다른 하나는 대하빌딩, 용산빌딩 방향으로 내려와 명당(혈)을 만든 것을 알 수 있다. 즉 두 개의 능선에 쌍유혈(雙乳穴)을 만들면서 상하로 연주혈(連珠穴)을 만든 것이다.

이처럼 여의도는 모래가 퇴적한 섬이 아니고 육지와 연결된 반도였기 때문에 명당(혈)이 형성될 수 있는 것이다. 명당이기에 모든 금융기관과 언론기관은 물론, 각 정파의 정당들이 군집하는 것이고, 바로 이곳에서 대통령이 탄생할 수 있었던 것이다.

훌륭한 자녀를 얻기 위해서는 풍수를 알아야 한다

우리는 결혼을 하면서 신혼여행을 떠난다. 하지만 왜 신혼여행을 가는지에 대해 생각해 본 이는 없을 것이다. 본래 신혼여행의 취지는 남녀가 결혼할 때 가장 좋다는 길일을 선택하여 자신들의 집보다 더 좋은 곳을 찾아 그곳에서 훌륭한 자식을 잉태할 수 있기를 바란 데서 유래된 것이다.

안동에 있는 의성김씨 종택(宗宅)에는 유명한 산방(아이를 낳는 곳)이 있다. 이 집에서 조선시대 6부자가 과거급제 했고, 문과급제자 24명, 생원과 진사가 64명이 배출되었다. 또한 의성김씨 가문의 여자들이 출가하여 이곳에 와서 낳은 아이들은 모두 훌륭하게 자랐다.

이 집은 소가 누워 있는 형태의 산(와우형국)에서 능선 한 자락이

용맥

산방 있는 곳

▲ 6부자 과거급제와 산방으로 유명한 의성김씨 종택

▼ 의성김씨 종택의 산방

내당입니다
외부인 출입금지

▲ 강릉시 죽헌동에 있는 율곡 이이 선생의 탄생지 오죽헌 전경

▼ 오죽헌의 배치 및 청룡과 백호

이 집의 산방에 명당(혈)을 만들고 그 힘이 넘쳐 바로 앞에 다시 명당(혈)을 만든 연주형태의 명당(혈)에 자리하고 있다. 산방에 산천정기가 모여 있으니 이곳에서 잉태된 이들은 훌륭한 인재가 되는 게 당연해 보인다.

또한 비록 이곳에서 잉태되지 않았다 하더라도 태어나 오래 머물면서 좋은 기운을 받은 경우도 훌륭하게 되는 것이다. 옛말에 인걸은 지령이라 하지 않았던가?

훌륭한 성인의 반열에 오른 율곡 이이와 퇴계 이황 역시 모두 명당(혈)에서 잉태되었거나 태어났다. 신사임당이 율곡을 잉태하여 낳은 곳은 강릉 오죽헌인데, 이곳이 바로 명당(혈)이다. 부모는 자식으로 인하여 명성이 얻어진다고 하였는데, 율곡 같은 자식을 낳고 키운 신사임당은 자식으로 인하여 귀해진 예다.

강릉 오죽헌은 명당(혈)인 안채를 기준으로 본다면 율곡이 태어난 몽룡실은 좌청룡에 해당한다. 우백호에 해당하는 오른쪽 담장 밖은 작은 능선이 잘 감싸 안고 있는 형국이다. 이런 명당에서 자란 신사임당이 결혼하여 다시 이곳에서 자식을 잉태하여 낳아 키웠으니, 그 자식은 한 시대 최고의 학자가 된 것이다.

퇴계 이황 선생이 태어난 곳 역시 집 뒤에 있는 산에서 한 능선

용맥이 들어감

▲ 퇴계 이황 선생이 탄생한 태실로 이어지는 용맥

▼ 퇴계 이황 선생이 탄생한 태실

退溪先生胎室

이 내려와 태실에다 명당(혈)을 만든 곳에 위치하고 있다. 명당(혈)인 태실에서 보면 좌청룡은 현재 밭으로 개간하여 사용하고 있으나, 원래 작은 능선으로 태실 자리를 잘 감싸고 있는 것을 알 수 있다. 또한 우백호에 해당하는 우측의 밭은 집보다 약간 높으며, 집을 감싸고 있는 것이 보인다.

안산은 길 건너편에 아름답고 둥근 금성체(金星體)에 해당된다. 양택에서는 명당(혈)을 확인할 때 좌청룡과 우백호가 일반 산처럼 큰 능선이 아니기 때문에 자세히 관찰하지 않으면 확인하기 어렵다. 때문에 같은 지형일 경우 그 지형보다 조금만 높으면 산이고 낮으면 물이라고 판단해야 한다.

우리나라만큼 교육열이 높은 곳도 없다. 아이가 초등학교에 입학할 때부터 학군이 좋은 곳을 찾아 이사를 하는 이들도 많다. 하지만 그전에 풍수를 알고 이에 열정을 쏟는다면 율곡과 퇴계 같은 훌륭한 성현을 자녀로 낳고 키울 수 있을 것이다.

명당에서 태어나 자란
박정희 전 대통령

한 나라의 운명뿐만 아니라 세계사의 지도를 바꾼 인물들 가운데 알렉산더 대왕과 칭기즈칸을 모르는 사람은 아마 없을 것이다. 알렉산더 대왕과 칭기즈칸은 태어날 때 자연(하늘과 땅)으로부터 특별한 기운을 받았다고 한다.

그들이 남다른 기운을 받고 태어났기에 자신의 조국이 풍전등화와 같은 위기에 놓였을 때 나라를 반석 위에 올려놓고, 주변국들을 정복해 거대한 제국을 건설할 수 있었을 것이다.

만약 분단국가인 한반도에 박정희라는 인물이 없었다면, 우리는 지금 어떤 현실 속에서 살고 있을까? 박정희보다 위대한 인물이 나타나 더 부강한 나라를 만들었을까? 아니면 여전히 가난에서 벗어나지 못하고 있었을까?

한반도는 전쟁 이후 폐허로 변해 참담하고 견디기 어려운 여건 속에서 다른 나라의 원조를 받으며 근근이 살아왔다. 불과 60여 년 전의 일이다. 그런데 지금 우리나라는 오히려 다른 나라를 원조해 주는 경제대국이 되었다.

미국의 최초 흑인 대통령인 버락 오바마는 아프리카나 동남아시아 등을 순방할 때 각국의 정상들에게 한국을 배우라고 말한다. 이렇게 짧은 기간 내 괄목할 만한 성장을 이룬 나라를 세계 어디에서도 찾아볼 수 없기 때문이다.

이런 성장의 발판을 마련한 인물이 바로 박정희 전 대통령이라고 할 수 있다. 반대론자들은 "나도 그쯤이야 할 수 있다." 하고 말할 것이다. 우리는 남이 일궈놓은 것에 대해 쉽게 갑론을박을 한다. 하지만 남이 잘한 것은 인정하고 칭찬을 아끼지 말며 박수를 보낼 줄 알아야 한다고 생각한다.

지금의 대한민국을 있게 한 초석을 만든 박정희 전 대통령은 금오산의 산천정기가 응축된 명당(혈:와혈)에서 태어나고 자랐다. 만약 이런 명당(혈)에서 태어나고 자라지 않았다면 과연 분단국가인 우리나라를 오늘날의 모습으로 성장시킬 수 있는 힘을 가질 수 있었을까 하는 생각이 든다.

▲ 박정희 전 대통령 생가 및 용맥 흐름도 (전면)

▼ 박정희 전 대통령 생가 및 용맥 흐름도 (좌측면)

경부고속도로가 개통된 지도 벌써 40년이란 세월이 흘렀다. 이 40여 년의 세월이 바로 대한민국 성장의 역사이다. 처음 경부고속도로를 건설할 때 국회에서 목숨 걸고 반대하지 않았던가? 하지만 다시 예전으로 돌아간다면 여전히 목숨 걸고 반대할 수 있을까?

금오산의 정기를 받고 명당(穴)에서 태어난 박정희 전 대통령 같은 분들이 계속 위정자로 나타난다면 대한민국은 세계에서 가장 위대한 선진국으로 우뚝 서게 될 것이다.

3대 재벌 삼성, LG, 효성의
창업주들을 배출한 명당 학교

세계 최고의 글로벌 기업인 삼성, LG, 효성의 창업주들이 같은 학교를 다녔다는 사실은 매우 흥미롭다. 쉽게 일어나지 않는 우연이기 때문이다. 게다가 소위 명문학교가 아닌 경우 더 그러하다.

이들 창업주들이 함께 다녔던 학교는 진주시 지수면에 있는 한 작은 초등학교(진주시 지수면 승산리 195—2)이다. 도대체 이러한 우연은 어떻게 만들어진 것일까? 여기에는 지수초등학교만이 가지고 있는 자연적인 특성이 큰 역할을 했다. 지수초등학교가 바로 명당(혈)에 자리 잡고 있기 때문이다.

일반적으로 대다수의 사람들은 학교 건너편 방어산에서 뻗어내린 용맥(龍脈)이 지수초등학교까지 끌고 내려와 명당(혈)을 만들

▲ 지수초등학교와 구인회 회장 생가의 용맥 흐름도. 대부분 방어산의 정기를 받은 곳을 지수초등학교로 알고 있으나 지도에서 보는 바와 같이 승내천이 흐르고 있어, 방어산의 기가 도달할 수 없다. 기는 물을 만나면 멈추기 때문이다(계수즉지(界水則止)).

용맥

▲ 지수초등학교의 전경과 용맥 흐름

▼ 승내천과 지수초등학교

지수 초교

지수 초교 체육관

었다고 믿고 있다. 그러나 지도에서 보는 것처럼 방어산의 용맥은 승내천을 건너올 수 없다. 기(氣)는 물을 만나면 멈추기 때문이다. 즉, 방어산에서 뻗어 내린 용맥이 아닌 지수중학교 뒤편 좌측에 있는 산(용맥을 잘라 도로 개설)에서 뻗어 내린 용맥이 지수초등학교와 구인회 회장의 생가 쪽으로 각각 논, 밭으로 길게 끌고 내려와 명당(혈)을 만든 것이다.

삼성의 이병철 회장, LG의 구인회 회장, 효성의 조홍제 회장이 명당에 위치한 지수초등학교를 졸업했기 때문에 재벌이 되었다고는 할 수 없다. 하지만 감수성이 가장 예민한 어린 시절에 자연의 좋은 기운을 받을 수 있었던 것만으로도 남들이 생각지 못하는 좋은 생각을 하게 되어 장래에 큰 포부를 가질 수 있었지 않았나 한다. 세상을 빛낸 인물들을 보면 모두 어린 시절 뜻하지 않은 작은 일에서 감동을 받아 결국 자신의 꿈을 실현하지 않던가?

이들이 남다른 데에는 초등학교의 위치뿐만 아니라 여러 다른 풍수적 요인이 함께 작용한다. 특히 삼성 이병철 회장의 경우, 조부께서 후대에 걸출한 인물을 배출하기 위하여 많은 노력을 기울인 면면들을 볼 수 있다. 의령군 정곡면 중교리에 있는 생가 터가 그렇다. 산 바로 밑에 건물(안채)을 신축하였고, 또한 집들의 배치

이병철 생가

명당(혈)

주된 바람 통로

바람이 넘어가지 못하게
능선 길게 뻗음

Image © NSPO 2010 / Spot Image
Data SIO, NOAA, U.S. Navy, NGA, GEBCO

35°22'47.15" N 128°19'29.61" E   스트리밍 ||||||||| 100%

▲ 이병철 회장 생가 지형도 (출처 : 포털 구글 지도)

▼ 명당(혈)에 자리 잡은 이병철 회장 생가 (출처 : 포털 네이버 지도)

백호

용맥

명당(혈)
B

호암 이병철 생가
명당(혈)

A

▲ (좌) 자연의 법칙에 의거 명당(혈)이 형성된 이병철 회장 생가 (우) 주변의 모든 산들이 머리를 조아리는 형국의 명당

상태도 특이하다. 일반인들에게 이상하게 여겨지는 이러한 점들은 모두 명당(혈)에 건물을 안치하기 위한 노력이다.

더욱이 이병철 회장의 증조부의 산소(묘)는 세계 최고의 재벌이 배출될 수 있는 하늘이 감추고 땅이 숨겨둔 최고의 명당(혈)에 자리하고 있다.

이와 같이 모든 조건(생가 터, 조상 묘, 학교 등)이 구비되었기 때문에 삼성이라는 한국을 대표하는 기업이 탄생되었다고 본다. 이

▲ 명당(혈)에 자리 잡은 LG 구인회 회장 생가

▼ 부아혈의 명당길지에 자리 잡은 능성 구씨 선영

세상의 모든 일에 우연은 없다. 노력한 만큼 얻어지는 것이다. 자연 역시 자연을 아끼며 효율적으로 이용하려는 사람의 노력에 탄복하여 감응하니 말이다.

진주시 지수면 승산리 상동마을에 있는 LG 구인회 회장의 생가 터는 논 한가운데로 맥을 끌고 내려와 명당(혈)을 만든 곳에 자리하고 있다.

특히 구인회 회장의 능성 구씨 집안은 좋은 묘 터로 유명하다. 함안군 군북면 박곡리에 있는 2세조 선영(先塋)은 풍수를 공부하는 학인들조차 이해하기 힘든 곳에 자리하고 있는데 이곳이 바로 천장지비(하늘이 감추고 땅이 숨겨둔 곳. '부아혈(附蛾穴)'이라고 함)이다.

또한 함안군 군북면 동촌리에 있는 효성의 조홍제 회장의 생가 터 역시 들판 한가운데까지 맥이 끌고 내려와 명당(혈)을 만든 곳이다. 선영에는 약간의 경사가 있긴 하나 그중 명당(혈)에 자리 잡은 분(5대조)이 함께하고 있다.

중국의 양택서인 『황제택경』에 의하면 '묘는 나쁘나 집이 좋으면 자손에게 관록이 있고, 묘는 좋으나 집이 나쁘면 자손이 가난해지며, 묘와 집이 모두 좋으면 자손이 부귀영화를 누리고, 묘와 집이 모두 나쁘면 자손은 고향을 떠나 대가 끊어진다.'라고

▲ 명당(혈)에 자리 잡은 효성 조홍제 회장의 생가

▼ 효성 조홍제 회장의 선영

하였다. 그러니 사람이 거주하는 집을 짓거나 학교를 신축할 때 풍수적인 면을 고려한다면 개인이나 국가에 많은 도움이 될 것이다.

조선시대 때는 그 지역에서 가장 좋은 명당(혈)에 지방교육기관인 향교의 터를 잡았다. 그러나 현대에 와서 공영개발이든 사기업에 의한 개발이든 개발 이익에 밀려 대부분 최고의 좋은 터가 아닌 사업상 가치가 떨어지는 곳에 학교의 자리가 잡히곤 한다. 그러다 보니 산을 깎아 만들거나 계곡을 메운 곳 등에 학교가 건축되어 아이들은 나쁜 기운을 받게 된다.

그래서 개인 자신이나 국가나 사회를 위해 참다운 국가관을 가진 인재들이 양성되지 못하고 자신을 위한 개인주의와 사회에 적응 못하는 사람들이 많이 배출되어 오히려 국가가 사회적인 책임을 떠안는 경우가 발생하게 된다.

한창 자라는 어린이들은 모든 면에서 성숙되지 않았기 때문에 좋은 기운이든 나쁜 기운이든 쉽게 영향을 받게 된다. 교육은 백년대계라고 하지 않던가? 참다운 인재를 양성하기 위해서는 최우선적으로 교육기관의 터를 좋은 곳에 선정해야 된다.

화염 속에서 낙산사 보타전은
왜 불타지 않았는가?

　大한민국 국보 1호인 숭례문이 불타던 날 밤, 국민들은 한없이 울었을 것이다. 밤새도록 현장을 지켜보며 무사하기를 바라던 국민들의 바람에도 아랑곳하지 않고 그날 밤 숭례문은 600년의 갖은 풍상의 한을 간직한 채 잿더미로 변했다. IT의 첨단을 걷고 있다는 대한민국에서, 그 대한민국의 심장부에서 말이다. 최신 장비로 무장한 소방대원들의 노고를 비웃기라도 하듯.

　이처럼 안타까운 일이 2005년 4월에도 있었다. 낙산사가 화마(火魔)에 휩싸인 모습을 중계하던 기자의 안타까운 절규를 잊지 못한다. 화마의 위력이 얼마나 대단했으면 구리로 만든 종이 녹아내렸을까?

　그런데 신기한 일이 하나 있다. 구리로 만든 종마저 녹아내린

▲ 동종이 화염 속에서 불탄 자리

화염의 불길 속에서 보타전만은 온전했던 것이다. 어떻게 화마를 피할 수 있었던 걸까?

삼국유사에 의하면 낙산사는 의상대사가 당나라에서 화엄종을 공부하고 돌아와 낙산의 관음굴에서 기도하다가 관음보살을 친견하여 창건한 곳이다. 관음보살은 "나의 전신은 볼 수 없으나 산 위의 꼭대기에 올라가면 두 그루의 대나무가 있을 터이니 그

동종이 불탔던 자리

낙산사 보타전

▲ 동종을 삼켜 버린 화마 속에서 살아남은 보타전의 모습

▼ 현재의 낙산사 보타전 전경

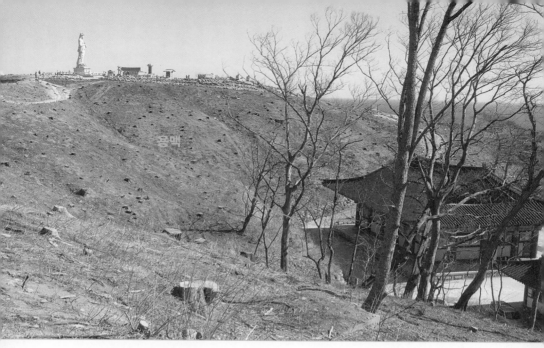

▲ 화마가 휩쓸고 간 낙산사의 전경

곳으로 가보라."는 말만 남기고 사라졌는데, 그곳이 바로 지금의
원통보전 자리이다.

낙산은 산스크리트어의 보타락가(補陀洛迦)의 준말로 관음보살
이 항상 머무는 곳이라는 의미이다. 보통 대웅전에는 세 분의 불
상이 모셔져 있다. 가운데가 석가모니 부처이고, 그 좌우편에 관
세음보살과 대세자보살이 자리하고 있다.

관세음보살을 주존(主尊)으로 모시는 사찰은 주로 바닷가에 있

▲ 낙산사 보타전을 감싸 안은 청룡, 백호

는데, 낙산사는 보문사, 보리암과 함께 관음성지로 알려져 있다.

하지만 이상하게도 낙산사에는 671년(신라 문무왕 11년) 창건 이래 크고 작은 불이 11차례 이상 발생하였다. 그중 거의 전부 소실된 경우가 예닐곱 번이나 된다.

관음보살께서 자신의 현신이 나타난 곳에 불국토를 건설하라 하여 창건한 곳인데, 이 불국정토에 왜 그토록 많은 화마가 발생하는지 이상하기만 하다.

그리고 그 수많은 화마 속에서 어떻게 보타전만은 무사할 수

▲ 화마가 휩쓸고 간 후 보기 흉측하게 된 낙산사 주변 모습

있었던 것인지도 신기할 따름이다. 물론 이 대답도 자연에게 들을 수 있다.

낙산사의 경우, 설악산 자락의 한 능선이 길게 뻗어 내려와 원통보전을 지나 해수관음상으로 가는 중간 지점에서 하나의 능선이 뻗어 내려 보타전에서 명당(혈)을 만들었다. 명당(혈)을 만들기 위해 함께 따라온 수기(水氣)가 앞에서 모여 진응수(眞應水)를 이루게 된다.

보타전에서 보면 원통보전은 백호의 능선에 자리 잡아 항상 많

▲ 낙산사에 화마가 휩쓸고 간 직후의 벌채 전 모습

은 바람을 맞게 되므로 불이 날 경우 진화가 쉽지 않다. 그러나 보타전의 경우 백호 쪽 능선이 안으로 세 겹으로 감싸주고 있고, 청룡 쪽 능선은 해수관음상에서 뻗어 내린 능선이 왼쪽으로 여러 겹 감싸주어 바람의 이동을 막아준다.

낙산사는 어느 곳에 가도 바다가 보이나 이곳 보타전 앞에서 보면 바로 앞의 바다가 보이지 않는다. 좌우의 능선이 앞을 막아주기 때문에 해풍도 막을 수 있는 것이다.

우리 국민 모두가 낙산사의 불타는 모습을 보고 안타까워한 가운데 보타전만이라도 화마의 불길에서 살아남을 수 있게 되어 불행 중 다행이라 해야 할 것이다.

지금 청와대가 자리하고 있는 터는 고려시대 개경의 이궁 터로 사용되다가 조선시대 경복궁의 후원으로 사용된 곳이다.

임진왜란 후 소실되어 방치하다가 고종 때 경복궁이 중건되면서 지금의 청와대 터에 중일각, 오운각, 융문당, 융무당, 경무대, 춘안당 등의 건물을 지어 과거장이나 연무장으로 사용하였다.

이후 일제강점기 시대 때 일제가 1910년부터 경복궁을 조선총독부 청사부지로 사용하면서 융문당, 융무당을 철거하여 공원화하였고, 청와대 구 본관 자리를 조선총독부의 관사부지로 채택하여 1939년에 건평 약 586평을 지어 사용하였다.

그리고 해방 후부터 1948년 8월 15일 대한민국 정부가 수립되기까지는 미군정장관(하지장관)의 관저로 사용되었다.

그 후 이승만 전 대통령이 경무대란 이름으로 이곳에서 생활하였고, 1960년 8월 윤보선 전 대통령 때 경무대라는 이름이 국민들에게 원부(怨府) 같은 인상을 준다 하여 청와대로 개명했다.

청와대는 경복궁의 주산인 북악산에서 내려오는 능선 중간 부분에서 오른쪽 옆으로 뻗은 지각에 위치해 있다. 인공위성 사진을 통해 보면 능선과 능선 사이인 골짜기에 해당되는 지점으로 보인다. 하지만 골짜기는 아닐 것이며 아마 작은 능선에 걸쳐 있으리라 본다.

경복궁 자리는 주산을 북악산으로 하고, 응봉이 있는 창덕궁과 창경원, 종묘 쪽으로 향하는 능선을 청룡으로 한다. 그리고 인왕산을 백호로 하고 있으며, 앞쪽으로 남산이 있어 좌우전후를 잘 감싸 안는 보국이 형성되어 있고, 앞이 평탄하고 원만하게 형성되어 있다.

그러나 사실 청와대 자리는 협소하고 좌우전후 감싸 안을 수 있는 산의 형상이라 말하기 힘들며, 앞도 기울어져 있어 온전한 기가 머물기 어렵다.

반면 손석우 옹은 저서 『터』에서 '지금의 청와대가 있는 터는 북악 아래의 진혈(眞穴)이 맺힌 곳'이라 하였다. 공사 당시 그곳에

▲ 청와대의 지형도 (출처 : 포털 구글 지도)

〈천하제일복지〉라는 암각글자가 발견되었다는 것이다. 그곳은 현재 청와대 신관 뒤편인데, 이를 두고 어떤 이들은 대원군이 경복궁 중건 때 민심을 설득하기 위해 일부러 조각하여 숨겨둔 것이라고도 한다. 하지만 바위와 글자 모양으로 보아 신라말 도선 국사의 작품으로 추정된다.

　〈천하제일복지〉라는 글자가 삼각산 아래 있는 진혈 자리임을 입증하는 것이어서, 글자가 발견될 당시 청와대 관계자들도 좋아

했다.

하지만 만약 이곳이 명당자리라면 조선조 개국 초기, 이곳에 경복궁을 건축하지 않았을까?

청와대 자리에 대해 의견이 분분한 이유는 명당인지 아닌지를 판단하는 것이 매우 어려운 일이기 때문일 것이다. 현장 곳곳을 직접 답사할 수 없으니 더욱 그러하다.

그렇다면 청와대에 들어간 역대 대통령들이 국민들에게 지탄의 대상이 되어 나오는 이유를 풍수적 관점에서 살펴보는 것은 어떨까? 이 역시 땅의 어떤 기운이 작용한 때문이라고 볼 수 있지 않을까?

대한민국 정부 수립 이후 초대 대통령이었던 이승만 박사는 온 국민의 열망으로 대통령으로 선출되었으나 초심을 유지하지 못하고, 인의 장막에 가려 측근들의 부정부패로 인해 4.19 의거로 망명길에 올라 살아서 돌아오지 못하는 참담한 처지가 되었다. 제4대 대통령에 오른 윤보선 전 대통령도 1년 7개월 만에 군사 쿠데타로 인해 권좌에서 밀려났다.

제5대, 제6대, 제7대, 제8대, 제9대 대통령으로 취임한 박정희 전 대통령은 17년 이상 청와대에 거주했다. 하지만 육영수 여사는 8.15 경축 기념식에서 문세광의 흉탄에 비명으로 돌아가셨고, 박정희 전 대통령 역시 자신이 제일 신임하는 중앙정보부장의 총탄에 서거했다.

제10대 대통령인 최규하 전 대통령은 8개월 만에 보안사령관이던 전두환 전 대통령에게 권좌를 물려주게 되었다.

제11대와 제12대 대통령에 오른 전두환 전 대통령 역시 한국 역사상 최초로 부정부패 혐의로 영어(囹圄)의 몸이 되었고, 끝내는 백담사에 유배됐다. 광주사태 때 많은 인명을 살상한 이유로 국민들로부터 신망을 받지 못하고 있다.

제13대 대통령에 취임한 노태우 전 대통령은 88올림픽 등을 치르며 국운 상승의 기운을 보인 듯하나 재임 기간 동안 물태우로 명명되다가 전임자와 마찬가지로 부정부패와 광주사태에 관련되어 영어(囹圄)의 몸이 되었다.

문민정부 탄생으로 국민들의 기대 속에 제14대 대통령으로 취임한 김영삼 전 대통령은 국민에게 씻을 수 없는 치욕인 외환위기를 불러왔고, 재임 중 자신의 자식을 감옥에 보내야 하는 참담한 대통령이 되었다.

정계 은퇴를 번복하며 집권하게 된 김대중 전 대통령은 외환위

▲ 청와대 전경

기 극복이란 명분은 있었지만, 좌파 용공 세력에 의해 국민의 가
치관을 혼란으로 몰아넣었다.

　보통의 대통령으로 일반 서민의 사랑을 한몸에 받으며 제16대
대통령에 취임한 노무현 전 대통령 역시 측근들의 부정부패로
인해 종국에는 천수를 다하지 못하고 자살로 유명을 달리하게
되었다.

　앞서 말했듯이 청와대 자리는 능선과 능선 사이에 있다. 때문
에 바람의 영향을 많이 받는다. 그곳에 푸른 꿈을 안고 들어간 이

들이 시간이 지날수록 초심을 잃고 흔들린 이유는 능선과 능선 사이에 부는 바람의 영향 때문일 것이다.

자연은 오직 자연이 가지고 있는 그대로 시간의 변화에 관계없이 자신의 일을 묵묵히 해나간다. 그 사실을 잊지 말아야 할 것이다.

명동성당은 서울대교구 주교좌 성당이며, 우리나라 최초의 본당이자 한국교회의 상징이다. 이곳이 풍수지리상 명당(혈)이라고 하면 대부분의 사람들은 의아하게 생각할 것이다. 천주교회에 명당(혈)을 운운하는 것은 왠지 어색하기 때문이다. 그렇지만 명동성당이 위치한 곳은 분명 명당(혈)이다.

우리나라에 교회가 처음 공식적으로 전래된 것은 조선말 이승훈에 의해서이다. 조선의 실학자들에 의해 서양학이 전래되면서 자연스레 천주교가 들어왔다.

천주교는 대부분 강압을 전제로 한 선교사들의 목숨 건 희생에 의해 전파되었지만 우리나라의 경우 외부의 도움 없이 정약용, 권철신, 이벽, 이승훈 등 젊은 유학자들에 의해 자발적으로 도입

▲ 명당(혈)에 자리 잡은 명동성당 전경

되었다.

　젊은 유학자들은 오랜 세월 조선의 통치이념이었던 유학이 많은 폐단과 사회적 모순으로 가득 차 있어 시대적 변화를 이끌고 가기에 부족하다고 인식했다. 그러나 교회의 이념은 그 시대의 중심적 사상인 유교의 통치이념에 정면으로 도전하는 것이었다. 그래서 드러내 놓고 공부할 수 없었던 이들은 깊은 산골짜기의 작은 암자로 숨어들어 갔다. 이곳이 바로 한국천주교의 탄생지인 경기도 광주에 있는 '천진암'이다.

　이러한 시기에 실사구시를 추구하던 실학자들의 버팀목이었던 남인의 영수 체재공이 사망하고, 남인은 정치적으로 몰락하게 된다. 또한 깨어 있는 군주였던 정조의 갑작스런 죽음과 어린 순조의 등극 이후 서인(노론과 소론) 사대부들의 대대적인 천주교 탄압이 시작된다. 이로 인해 수많은 천주교도들이 목숨을 잃었다.

　하지만 끝없는 박해 속에서도 천주교는 사라지지 않고 오히려 더 번성하였다. 왜일까? 처음 성당의 터를 잡을 때 신부들이 남다른 방법으로 터를 잡았기 때문이 아닐까 한다. 일반 평지가 아닌 조금 특별한 곳에 성전을 건축한 때문이다.

　현재의 명동성당을 신축할 때 구한말 정부와 풍수지리 문제로

▲ 한국 천주교의 탄생지 천진암

공사가 상당 기간 동안 중단되었다가 우여곡절 끝에 12년이란 시
간에 걸쳐 완공되었다.

명동성당 자리는 한북정맥의 끝자락으로 보현봉에서 정릉 고
개를 넘어 북악산과 인왕산으로 이어져온 맥(능선)이 남산에서 북
쪽으로 하나의 맥을 끌고 내려와 청계천을 만나기 전 명당(혈)을
만든 곳이다. 즉, 뒤는 남산이고 앞은 청계천인 전형적인 배산임
수(背山臨水)의 명당인 것이다.

게다가 북향인 경우 명당이 되기 위해서는 햇빛을 잘 받기 위

▲ 한남정맥 끝자락인 앵자봉(667m) 밑 명당(혈)에 위치한 백년성당 자리

해 명당(혈)자리 뒤편이 낮아야 하는데, 명동성당은 이러한 자연 조건을 모두 갖추고 있다.

이러한 곳에 한국 천주교의 총본산 격인 명동성당이 자리하고 있으니 천주교가 갖은 박해 속에서도 그 맥이 끊어지지 않고 오히려 더 번성할 수 있지 않았나 한다.

또한 명동성당 지하에 박해로 인해 순교한 많은 성인들이 영면하고 있어, 이곳에서 미사를 할 때마다 순교한 성인들의 깊은 뜻이 전달될 것이다. 그래서 한국의 천주교가 비록 역사는 짧지만

▲ 명당(혈)에 있는 백년성당 자리

많은 성인들을 배출할 수 있었던 것 같다.

　지금 한국 천주교의 탄생지인 '천진암'에 백년성당이 지어지고 있고 있다. 백년성당 자리는 한남정맥의 끝자락인 앵자봉(667m) 아래에 있는데, 풍수상 꾀꼬리가 알을 품는 형국이라고 말하는 곳으로 명당(혈)이다.

　이렇듯 대부분의 천주교회들이 명당에 자리하고 있기 때문에 고(故) 김수환 추기경 같은 분이 나와 어려웠던 시절에 많은 사람들에게 꿈과 희망을 주고, 또한 선종했을 때는 큰 별을 잃은 슬픔 속에서도 모두가 함께하는 화합의 장을 만들 수 있었던 것이다.

인간뿐 아니라 모든 생명체에게 물은 생명의 원천이며 없어서는 안 될 필수불가결한 것이다. 그래서인지 우리는 어떤 교훈이나 경계의 암시를 은연중에 물이란 대상체를 통해 말하려고 한다. 우리나라에서 전래되어 오는 설화 중 '장자못 설화'는 권선징악의 한 표현으로 황지연못에 대한 황부자의 설화는 징악설화의 대표라고 할 수 있다.

설화의 내용은 이러하다. 옛날 황지연못 자리에는 황부자라는 사람이 살고 있었는데, 그는 심술 궂고 인색하기로 소문이 났다. 하루는 남루한 옷차림의 노스님이 찾아와서 시주를 부탁하였다. 황부자는 노스님에게 시주할 곡식이 없다고 하였다. 하지만 노스님은 가지 않고 계속 염불을 하고 있는 것이다. 화가 난 황부자는 마침 헛간을 치우고 있던 차에 심술이 발동해서 쇠똥을 노스님의 시주 바랑에 담아주었다. 그러자 노스님은 태연히 돌아서 가는 것이다.

이때 옆의 방앗간에서 아기를 등에 업고 방아를 찧던 며느리가 달려와서 쇠똥을 쏟아버리고 쌀을 시주하면서 시아버지의 잘못에 대한 용서를 빌었다.

그러자 노스님은 며느리에게 "이 집의 운세는 오늘로 다하였으니 살고 싶으면 나를 따라오라." 하였다. 이에 며느리는 아이를 업은 채로 노스님을 따라나섰다.

노스님은 며느리에게 어떠한 일이 있어도 뒤를 돌아보지 말라고 당부했다. 도계읍 구사리 산등성쯤 왔을 때 갑자기 뒤쪽에서 뇌성벽력이 치면서 천지가 무너지는 듯한 소리가 들렸다. 놀란 며느리는 그만 뒤를 돌아보았는데 그 순간 며느리와 아기 그리고 따라온 강아지가 함께 돌로 변해 버렸다.

이후 황부자가 살던 곳은 물에 잠겨서 가라앉아 버렸고, 그 자리에 세 개의 연못이 만들어졌는데 위쪽의 큰 연못은 집터로써 마당 늪이라 하고, 중간은 방앗간 터로 방간 늪이라 부르며, 아래쪽에 있는 작은 연못은 변소 자리라 통시 늪이라 한다.

▲ 황지연못 표지석

　또한 황부자는 이무기로 변해서 연못 속에 살게 되었는데, 일
년에 한두 번씩 물이 누렇게 되는 것은 이무기가 된 황부자가 심
술을 부리기 때문이라고 한다. 이곳이 개발되기 전만 해도 연못
에 큰 나무 기둥이 여러 개 있었는데, 사람들은 그것이 황부자 집
대들보와 서까래라고 했다.

　『동국여지승람』, 『척주지』, 『대동지지』 등에서 황지연못을 낙
동강의 근원지라고 밝히고 있다. 황지연못은 처음에는 '하늘 못'
이라는 의미로 천황이라 했다가 황부자의 설화와 더불어 황지로

▲ 황지연못의 지형도 (출처 : 포털 구글 지도)

불리게 되었다.

현재 태백시의 중심지에 있는 황지공원이 위치해 있는 곳은 해발 700여 미터 이상 되는 곳으로 태백산, 함백산, 백병산, 매봉산, 연화산 등으로 둘러싸여 있는 분지 형태이다.

함백산 줄기에서 뻗어오는 주산에서 내려온 능선이 이 연못을 만나면서 더 이상 가지 못하고 멈추어 명당(혈)을 만들었다. 풍수지리상 명당(혈)이 만들어지기 위해서는 산맥을 따라오는 기운이 밖으로 나가지 못하게 하기 위해 항상 좌우에서 수맥이 함께 따

▲ 대 명당수인 황지연못

라와야 한다. 좌우에서 함께 따라온 수맥이 명당(혈)이 형성된 앞에서 모여 빠져나가게 되는 것이다.

만약 황지연못처럼 많은 수량이 없다면 백두대간의 엄청난 기운이 산맥을 따라오면서 밖으로 새어 나가려는 기운을 감당할 수 없을 것이다.

따라서 이 황지연못은 단순한 지하수가 아니라 백두산에서 뻗은 능선인 백두대간을 따라온 대 명당수라 할 것이다.

이런 높은 곳에 주로 맺은 명당(혈)은 천교혈(天巧穴)로써 천자지

▲ 낙동강의 발원지 황지연못

지의 대 명당 터로 알려져 왔다. 대 명당(혈) 터는 하늘이 감추고 땅이 숨긴다고 한다. 처음 이곳을 '하늘 못' 이라 이름 지은 것은 이러한 연유이다.

심술 많은 황부자와 마음씨 착하고 자비심이 많은 며느리가 등 장하는 설화로 인해 이 지역은 경외의 대상이 되었다. 만약 이곳 에 정말로 황부자라는 사람이 살았다면 그는 당연히 부자가 되었 을 것이다. 명당 터이니 말이다. 그렇기에 누군가가 이곳 명당(혈) 에 사는 부자를 빗대어 이런 얘깃거리를 지어냈을 수도 있고, 이

곳에 사는 부자가 자신의 터를 지키기 위해 설화를 만들어 유포
했을 수도 있다.

　현재 황지연못은 태백 시민의 식수원으로 사용되고 있으며, 낙
동강 발원지로써 항상 깨끗하게 보호되고 있다. 또한 태백시의
중앙공원으로써 시민들의 영원한 휴식처로 활용되고 있다. 주위
에는 호텔 등이 들어서 빌딩숲을 형성하고 있으니 물은 재물이라
고 하는 옛말이 하나도 틀리지 않은 것 같다.

제2장

우리 역사 속에서 보는 풍수지리

풍수지리는 자장율사에 의해 한반도에 들어왔다

인도에서 생성된 불교가 한반도에서 꽃을 피운 이유

부처님의 진리가 살아 숨 쉬는 곳, 적멸보궁!

왕위를 찬탈당한 비운의 명주군왕 김주원

신라 괘릉은 정말 연못을 메운 것일까?

포석정은 왕이 향연을 즐기던 장소가 아니다!

건원릉은 명당이다!

동구릉은 조선왕들의 공동묘지이다

경복궁을 복원하였다면 한일합방은 발생하지 않았을까?

조선 왕족의 뿌리를 없애기 위해 풍수지리를 이용한 일제

풍수지리는 자장율사에 의해 한반도에 들어왔다

풍수의 개념이 한반도에 들어온 것은 통일신라 하대인 9세기경이다. 권선종의 논문「풍수의 사회적 구성에 기초한 경관 및 장소 해석」에 따르면 지리산을 중심으로 전라도 변방 지역에 들어선 구산선문(九山禪門)의 개찰과 더불어 형세론을 위주로 중국 유학승들로부터 도입되었다고 한다.

그 후 이미 신라에 들어온 밀교(密敎)의 현실적 응용인 비보법과 형세론이 도선에 의해 정리되고, 도선의 계보를 이은 승려들이 고려 왕실과 관계를 맺으며 고려시대 풍수의 특징을 결정짓는 중요한 역할을 했다고 할 수 있다.

대부분의 사람들이 신라말 도선 국사에 의해 풍수지리가 한반도에 도입된 것으로 알고 있지만 이는 잘못된 지식이다.

고려왕조는 건국의 당위성을 부여하고, 민심 이반(離叛)을 막기 위해 '하늘의 뜻'이 필요했다. 그리고 이를 위한 합당한 대상으로 도선이라는 정치 승려를 선택한 것이다.

모든 기록에는 도선이 인간의 한계를 뛰어넘는 비범한 승려로 표현되어 있지만, 그는 참선을 위주로 하는 선종 계열의 승려였다. 게다가 도선이나 도선의 스승인 혜철선사가 직접 창건하였다는 사찰 중 현존하는 것은 거의 없다.

한 예로 도갑사의 경우를 보면, 좌우와 뒷산의 형태가 너무 강하여 사찰을 압도하고 있음을 알 수 있다. 즉, 인간이 자연의 기운에 압도되어 그곳에서 오랫동안 견디기 힘들다는 말이다.

이곳의 지형이 너무 험하고 강하기 때문에 산천의 지기를 누그러뜨리기 위해 이곳에 도갑사를 창건하였다고 하였겠지만, 이는 비보풍수(裨補風水)에 지나지 않는다. 도선이 진정으로 풍수지리에 해박한 지식을 가지고 있었다면 이러한 곳에 사찰을 창건할 리 없다.

『삼국유사』에는 신라 4대 석탈해왕이 젊었을 때 호공의 집을 빼앗기 위해 미리 집 주위에 숯을 묻어놓고 자신의 집이라 주장하여 송사를 벌여 강제로 탈취한 내용이 기록되어 있다. 이를 두

▲ 반월성은 경주의 남천이 반궁수로 치고 있어 명당(혈)이 결지될 수 없는 곳이다. (출처 : 포털 구글
지도)

고 풍수지리가 한반도에 존재하였다는 최초의 기록이라며 한반
도에 자생풍수가 있었다고 말하는 이들도 있지만, 호공이 살았던
반월성 터는 반궁수로써 풍수지리와는 무관한 곳이다.

 경주 시내에 있는 당시의 무덤 군들을 통해서도 당시 풍수지리
에 대한 개념이 없었음을 알 수 있다. 만약 이 시대에 풍수지리가
있었다면 우리에게 잘 알려진 천마총과 같은 무덤 군들은 조성될
수 없었을 것이기 때문이다. 이 모든 무덤 군들은 풍수지리와 아

▲ 경주에 있는 신라시대의 고분군들(신라 27대 선덕여왕릉 이전의 왕들은 풍수의 조건과 무관하게 능을 조성함)

무 연관성 없이 군집되어 있으니 말이다.

신라 때 풍수지리가 없었다는 것은 황룡사와 미륵사의 터를 봐도 알 수 있다. 신라의 황룡사와 백제의 미륵사는 거의 같은 시기에 창건된 것으로, 두 나라 간 국가의 명운을 걸고 벌였던 국책사업이었다.

『삼국유사』에 의하면 황룡사는 진흥왕 14년(553년)에 착공하여 선덕여왕 때 완공되었는데, 월성 동쪽에 궁궐을 짓기 위해 늪을

물길 = 바람길

▲ 늪을 메워 절을 만든 신라시대의 황룡사지

메우던 중 황룡이 나타나서 궁궐 짓는 것을 그만두고 절을 짓게 되었다고 한다. 그리고 다섯 번의 벼락으로 여섯 번 중수(重修)되었으나 결국 몽고의 병화(兵火)로 1238년 전소되어 사라졌다.

선화공주와 무왕의 러브스토리의 산물인 미륵사 역시 연못 가운데 미륵 삼존이 나타나서 연못을 메워 창건하게 되었지만 얼마 가지 않아 나라의 운명(백제의 멸망 660년)과 함께 역사 속으로 사라지고 말았다.

만약 당시에 풍수지리가 있었다면, 국가의 명운이 달린 국책사

▲ 중국 섬서성에 있는 황제릉. 기원전 2천 년 전의 무덤이나 풍수상 명당에 정혈되었다.

업인 궁궐이나 절을 늪이나 연못을 메워 지으려고 했겠는가?

　반면 중국의 경우 하나라, 상나라 이전(기원전 2000년 이전) 오제(황제, 전욱, 제곡, 요, 순) 중 황제의 릉과 관중의 묘(기원전 645년), 공자의 묘(기원전 479년), 맹자의 묘와 그의 모친의 묘(기원전 279년), 진시황릉(기원전 210년), 한 고조 유방과 한 대의 황제의 능을 비롯 위진남북조, 수나라, 당나라 태종의 소릉까지 모두 명당(혈)에 묻혀 있음을 알 수 있다. 풍수지리에 의해 묘 터를 정했다는 증거이다.

　이러한 풍수가 한반도에 적용되기 시작한 것은 당나라에 유학

간 자장율사(慈藏律師)가 돌아온 이후부터이다. 선덕여왕 시대 때 당나라로 유학 간 자장율사는 유학 초기 당태종의 황후인 장손황후의 능을 정하는 과정을 지켜보며 풍수에 관심을 갖게 된다.

중국 역대 왕조의 능은 모두 평지에 조성되었는데, 너무나 깊은 산중에 황후의 능을 조성한다는 것이 도저히 이해되지 않았던 것이다. 신라와는 너무 다른 장례 절차는 물론, 소릉이 구종산(1,180m) 정상 바로 아래(8부 능선 정도)인 깊은 산중에 자리하게 된 이유도 너무 궁금했다.

당태종 이세민이 부친 당고조 이연의 헌릉을 조성할 때 평지에 능을 조성하였는데, 그렇게 하니 백성들의 노고가 너무 크다는 것을 알고 백성들의 고통을 덜어주기 위해 산중에 조성하기로 한 것이라는 답변을 얻었다.

하지만 이는 풍수지리를 숨기기 위한 답변에 불과했다. 당시 당나라는 풍수지리를 국가의 기밀 사항처럼 여겨 다른 나라에 유출되는 것을 금기시하였던 것이다.

자장율사는 왕명에 의해 당나라에 유학 온 입장으로 본국(신라)에 이익이 되는 것이라면 무슨 수를 써서라도 알아내려 했다. 지금의 우리나라가 짧은 기간 동안 세계가 놀랄 만한 강국이 된 것

▲ 자장율사가 창건한 사찰 중 영월 사자산에 있는 법흥사 적멸보궁 (출처 : 포털 구글 지도)

은 과거 자장율사와 같은 마음을 가진 수많은 인재들 덕분일 것이다.

자장율사는 귀국 후 왕으로부터 대국통(大國統)이라는 불교 최고의 지위를 부여받고 불교의 중흥을 위한 국민교화와 불교교단의 기강 확립에 힘쓰면서 호국불교로써 국가의 안위에 심혈을 기울였고, 비보풍수 차원에서 황룡사에 9층 목탑을 건립하여 외세의 침탈을 막아보려고 하였다.

자장율사가 창건하였다는 오대산의 월정사, 양산의 통도사, 정선의 정암사, 영월의 법흥사, 설악산의 봉정암 등에서는 그 이전의 건축물이나 왕릉의 무덤 등에서 볼 수 없던 여러 가지 징후가 나타난다. 즉, 중국의 황제 능에서만 볼 수 있던 당시 최첨단 기술인 풍수지리가 도입된 것이다.

이 건축물들은 모두 중국의 역대 황제 능(중국의 춘추전국시대부터 청나라까지)의 능침(陵寢)이 거의 정혈된 것처럼, 풍수지리상 혈(명당) 자리에 정혈되어 있다. 그렇기 때문에 1,300여 년이 지난 지금까지 수많은 풍상을 겪으면서도 명맥을 유지하며 현존하고 있는 것이 아닐까 한다. 자연의 힘이 존재하지 않았다면, 이 지상에서 이미 사라졌을 것이다.

한국인에게 커다란 자긍심을 주는 첨성대는 선덕여왕 재위 시 별자리를 통해 기상을 관측하기 위해 축조된 것으로 알려져 있으나, 하늘에 제사를 지내기 위한 제단의 기능을 위한 것이 아니었나 한다. 첨성대가 축조된 위치에서 보면 이보다 더 높은 지역이 상당히 많기 때문이다.

첨성대가 축조된 위치는 풍수지리상 와혈(窩穴)에 해당한다. 와혈의 특성상 약간 오목하므로 축조물인 첨성대가 완전히 정혈되지 않았기 때문에 약간 오목한 부분 쪽으로 기울어져 있다고 볼

▲ 경주에 있는 신라시대의 첨성대. 축조된 기록이 〈세종대왕실록〉『지리지』에는 633년으로, 『증보문헌비고』에는 647년으로 되어 있으나 633년은 선덕여왕의 즉위 초기로 혼란 시기이고 647년 초에 선덕여왕이 사망한 시점이므로 정확한 연대를 알 수 없다. 천문 관측보다 하늘에 제사 목적의 가능성에 무게를 두고 있으며, 풍수지리상 명당(혈)이다.

▲ 신라시대 신유림으로 신성시한 낭산과 선덕여왕릉의 지형도 (출처 : 포털 구글 지도)

▼ 경주에 있는 신라 27대 선덕여왕릉(재위:632년~647년), 자장율사에 의해 한반도 최초로 풍수 조건과 일치하게 조성된 능

수 있다. 그러한 첨성대가 1,360년이 지난 지금까지 모진 비바람에 쓰러지지 않고 지탱하여 온 것은 땅의 기운 덕분이지 않겠는가?

또한 당시 신라인들이 가장 신성시하였던 신유림(神遊林)인 낭산 (狼山)의 중심부에 묻힌 선덕여왕의 능을 보면 이전까지의 왕의 무덤과 다르다는 것을 알 수 있다.

선덕여왕 이전에는 왕의 무덤을 평지에 조성하였으며, 단순히 흙으로 쌓아올린 봉분의 형태였다.

그런데 왜 선덕여왕의 능은 산에 조성했으며, 돌로 둘레석을 두른 것일까? 능의 향은 임좌병향(壬坐丙向)으로 거의 남향을 취하여 오직 황제만이 취하는 향을 선택하였고, 앞의 작은 봉우리를 안산으로 취하였으며, 풍수지리상으로 보면 완벽하게 혈(명당) 자리에 정혈되었다.

뿐만 아니라 28대 진덕여왕의 능 역시 산 중턱에 자리 잡고 있으며, 주산으로부터 내려온 용이 보기 드물게 힘차게 위이와 기복을 하고 있고, 산 중턱에서 용진혈적한 곳으로 풍수지리에 상당한 식견이 있지 않다면 도저히 잡기 힘든 자리를 잡고 있음을 볼 수 있다.

▲ 신라 28대 진덕여왕릉의 지형도 (출처 : 포털 구글 지도)

▼ 경주에 있는 신라 28대 진덕여왕릉(재위:647년~654년), 자장율사에 의해 한반도에서 두 번째로 풍수 조건과 일치하게 조성된 능

능 조성 시 자연 형태를 가능한 훼손하지 않고 원형 그대로 유지하였고, 둘레석에 십이지신상을 새겼으며, 자좌오향(子坐午向)으로 향을 놓았다.

　당나라로부터 풍수지리를 들여온 자장율사가 신라의 부국강병을 위해 풍수지리를 적극적으로 사용한 예들은 여러 곳에서 찾아볼 수 있다. 그리고 선조들의 그러한 노력 덕분에 지금의 우리가 있는 것이다.

인도에서 생성된 불교가
한반도에서 꽃을 피운 이유

'불교' 하면 대개 인도를 떠올린다. 하지만 정작 인도에는 불교를 믿는 이들이 없다. 인도에는 힌두교가 있을 뿐이다. 물론 불교와 힌두교는 믿는 대상이 전혀 다르다.

우리가 불교 하면 인도를 떠올리는 이유는 인도의 사르나트 (Sarnath)에서 '고타마 싯다르타(석가모니)' 라는 왕자에 의해 불교가 시작되었기 때문일 것이다. 그가 태어나고 자라 수행을 하며 열반에 오른 모든 장소들이 인도에 있으니 불교가 인도의 종교라고 여길 만하다.

마우리아왕조의 아소카왕(당시 84,000개 스투파(불탑)와 40여 개의 탑을 건립함)과 쿠샨왕조의 카니슈카왕 때 불교가 번성하여 동남아와 중국, 한국, 일본 등에 전파되었다. 인도의 데칸고원에 자리

▲ (좌) 데칸고원에 위치한 아잔타 석굴(말발굽 모양의 바깥쪽에 해당하는 곳으로 기운이 감싸주지 못해 수양처로 적합하다고 할 수 없음)

(우) 인도의 아잔타 석굴(BC 2세기~AD 7세기) 번성함

잡고 있는 아잔타 석굴(BC2세기~AD7세기)과 엘로라 지역의 석굴이 바로 인도 불교의 보고(寶庫)라 할 수 있다.

그런데 찬란했던 인도의 불교문화는 하루아침에 사라졌고, 불교문화의 대표 유적이라 할 수 있는 아잔타 석굴은 폐허와 같은 상태에서 영국의 한 병사에 의해 발견되었다. 그 이유는 무엇일까? 원인은 역시 바로 그 터에 있다.

아잔타 석굴은 말발굽 모양의 바깥 부분에 해당되어 기운을 감싸 안지 못하는 바깥이므로 수양처나 기도처로 적합하지 않다. 그런 연유로 불교는 계속적으로 계승 발전되지 못하고 어느 시점에서 단절되었다가 현시대에 발견되어 문화적 유산으로 인정받

고 있을 뿐이다.

그렇다면 불교가 실크로드를 거쳐 중국에 전파된 이후는 어떤가? 불교는 중국에 이르러 투루판의 천불동 계곡과 둔황의 막고굴(길이 1,600미터. 당시 1,000여 개의 석굴이 있었으나 현재 492개만 존재한다)에서 다시 부흥기를 맞게 된다.

이곳은 주로 실크로드를 왕래하는 상인의 안전을 기원하는 기도처로 각광을 받았던 곳이다.

그러나 이곳 역시 실크로드의 쇠락과 함께 모래 속에 사라졌다가 이후 다시 부활하여 중국 감숙성의 자금줄 노릇을 하고 있을 뿐이다.

◀ 위 (좌) 인도의 데칸고원에 위치한 엘로라 석굴(통바위를 위에서 아래로 파서 조각한 건축물) (우) 인도의 데칸고원에 위치한 엘로라 석굴의 전경

중간 (좌) 중국의 신장 위구르 지역에 위치한 투루판의 베제클릭 천불동 계곡(불상이 천 개가 있다고 하여 붙여진 이름이며, 계곡의 수직 벽을 파서 만든 곳임) (우) 중국 감숙성 돈황의 막고굴(길이 1.6 km로 당시 1,000개의 석굴이 있었으며, 현재 492개, 2,000여 점의 채색 소조상, 45,000㎡의 벽화가 있음, 신라 혜초의 『왕오천축국전』이 이곳에서 발견됨. 계곡의 수직 벽면을 파서 실크로드의 대상들의 안전 귀환을 위한 수양처로 사용하였으나 실크로드의 쇠태로 모래 속에 파묻혔다가 근래에 발견됨)

아래 (좌) 중국 남북조 및 당나라 때 축조된 것으로 알려진 용문산 석굴(당나라 측천무후의 상이라고 하는 비로자나불) (우) 중국 용문산 석굴 전경(용문산 석굴은 강변 절벽을 파서 만든 곳으로 항상 안개와 바람이 부는 곳임. 10만여 개의 석굴이 있었다고 함)

이 역시 원인을 풍수에서 찾아볼 수 있다. 이 지역들은 골짜기와 거의 수직에 가까운 경사면을 파서 동굴을 형성한 곳이다. 사막지대이기 때문에 시원해서 개인의 수양처로는 좋을지 모르나 만인의 구원처로는 적합하지 않다.

또한 남북조시대와 당나라시대에 번성하였던 용문산 석굴 역시 10만여 개의 불상이 있는 곳이지만 만백성을 구원하는 도량의 터전이라고 볼 수는 없다. 결국 중국에서 불교문화는 갑자기 쇠락하게 되고 또 한순간에 자취를 감추게 되었다.

불교가 태동하였던 인도에 현재 불교는 없고 대신 다신교인 힌두교가 자리 잡게 되었으며, 중국에서도 거의 명맥만 유지하고 있는 상태이다.

그런데 유독 한반도에 전래된 불교는 민중에 기반을 둔 호국불교로 발판을 다져 꽃을 피우고 있다. 고구려 때 처음 도입되었다가 신라 때 자장율사에 의해 기틀을 잡고 발전할 수 있는 계기를 마련하게 되는데, 무엇보다 자장율사의 공이 크다고 본다.

앞에서도 언급하였듯이 풍수를 도입한 자장율사는 산천정기가 응결된 명당(혈)에 양산의 통도사, 오대산 상원사, 설악산 봉정암, 정선의 정암사, 영월의 법흥사 등 5대 적멸보궁(寂滅寶宮)을 비

▲ 경주 토함산에 있는 석굴암(불교 예술의 극치를 보여주는 것으로 찬미하고 있음)

롯해 많은 사찰을 건립하였다. 이로 인해 한반도는 불교문화의 문예부흥 시기를 맞이하게 되었다고 볼 수 있다.

종교도 인간사와 마찬가지로 흥망성쇠가 있기 마련이다. 그러나 자리가 좋은 곳에서는 어떠한 역경이 있더라도 면면히 이어지는 법이다.

부처님의 진리가
살아 숨 쉬는 곳, 적멸보궁!

　적멸보궁은 석가모니 부처님의 몸에서 나온 진신(眞身) 사리를 모신 전각이다. 석가모니 부처님의 사리를 모셨기 때문에 예불을 올릴 불상을 따로 모시지 않고 불단만 설치해 두며, 법당 바깥에 사리를 모신 탑이나 계단을 설치한다. 그래서 일반인들은 적멸보궁 하면 부처님 불상 없이 수미단에 빈 방석만 덩그러니 있는 사리탑을 연상한다.

　5대 적멸보궁인 양산 통도사, 오대산 상원사, 설악산 봉정암, 태백산 정암사, 사자산 법흥사는 모두 신라시대 고승 자장율사가 창건한 것이다.

　자장율사는 귀국하자마자 영축산 아래 통도사를 건축하여 부처님의 진신 사리를 봉안하고 국태민안을 기원하였다.

108

그가 당나라 오대산(청량산)에 있을 때 문수보살이 노스님으로 화해 부처님이 입으셨던 가사(袈裟) 한 벌과 진신 사리 일백과를 주면서 "너희 나라 해동에 가서 영축산 아래 연못을 메우고 절을 짓고, 황룡사에 9층탑을 세우면 백성이 편안할 것이다."라는 비책을 주었다고 한다.

하지만 통도사 터가 풍수적으로 명당(혈)이라고 공개적으로 표현할 수 없었고, 풍수지리가 무엇인지 모르는 상황에서 풍수지리에 대해 논의해 봤자 혼란만 가중시킬 것이어서 이처럼 비책을 받은 것으로 가장한 것이다.

『삼국유사』에 의하면 문무왕대에 와서 당나라 사신 예부시랑(문화관광부차관급) 악붕귀가 풍수상 명당(혈)인 사천왕사지(四天王寺址)를 확인하러 왔을 때 신라에서는 사천왕사지를 보여주지 않고 망덕사지(望德寺址)를 보여주었는데, 악붕귀는 망덕사지에 들어가 보지도 않고 이곳이 아니라고 하였다고 한다.

망덕사지는 사천왕사지 앞에 위치해 있는데 물가에 있어 풍수상 좋지 못한 곳이다. 이처럼 당나라에서는 풍수지리가 다른 나라에 전수되는 것을 꺼렸다.

자장율사가 창건한 5대 적멸보궁은 모두 많은 설화들을 담고

▲ 경주 사천왕사지와 망덕사지 위치도 (출처 : 포털 구글 지도)

있다. 그 설화들은 모두 이곳이 풍수적으로 명당(혈)이니 이곳에서 열심히 불법에 정진하면 반드시 만백성이 편안해질 것이라는 것과 부처님의 말씀이 영구할 것이라는 것을 은유적으로 표현하고 있다고 본다.

　양산 영축산의 통도사는 삼보사찰(三寶寺刹) 중 불보사찰(佛寶寺刹)로 불교의 종가이다. 영축산의 모든 기운이 사리탑과 적멸보궁에 응축된 연주혈(連珠穴) 형태의 명당(혈)으로 적멸보궁 옆 작은 연못인 구룡지는 사리탑에서 결지한 명당(혈)의 진응수다.

▲ 양산 통도사 지형도 (출처 : 포털 구글 지도)

▼ 양산 통도사 용맥 흐름 (출처 : 포털 네이버 지도)

▲ (좌) 양산 통도사 적멸보궁 (우) 양산 통도사 적멸보궁 옆 구룡지

　　명당(혈)이 결지되기 위해서는 용맥을 따라온 수기가 땅의 기운 (지기)이 다른 곳으로 새어나가지 못하게 함께 따라오다가 명당 (혈)을 만들고 바로 앞으로 빠지게 된다. 이 경우 대개 사시사철 물이 마르지 않는 작은 샘 웅덩이나 연못 같은 것이 생기게 된다. 이 작은 웅덩이나 연못을 풍수상 진응수라 한다.

　　태백산의 정암사는 실제 함백산 자락에 있으나 태백산이 신령 스런 명산이다 보니 태백산의 정암사라고 명명되어 오고 있다. 하지만 이곳은 풍수 공부를 하는 풍수학인들도 도저히 이해하기

적멸보궁
명당(혈)

수마노탑
명당(혈)

용맥

Data SIO, NOAA, U.S. Navy, NGA, GEBCO
Image © 2010 DigitalGlobe

©2007 Goog

10°56'72" N   128°53'36.51" E   스트리% ||||||| 100%

▲ 정선 정암사의 용맥 흐름 및 지형도 (출처 : 포털 구글 지도)

힘든 곳이다. 수마노탑(水瑪瑙塔) 자리나 적멸보궁 자리를 풍수적으로 명당(혈)이라고 한다면 아무도 믿지 않을 것이다. 수마노탑 자리는 능선 자락 끝의 바위 밑 작은 공간에 탑을 세웠을 뿐이고, 좌우 능선은 감싼 듯하나 앞 우측이 열려 있으니 말이다.

자장율사가 어떻게 이러한 곳에 탑을 세우고 부처님의 진신 사리를 모시려 하였는지 의아하기만 하다. 설화에 의하면 칡넝쿨과 구렁이가 똬리를 튼 자리라고 하나 이것은 어디까지나 설화일 뿐이다.

▲ (좌) 정선 정암사의 수마노탑 (우) 설악산 봉정암 사리탑

이와 유사한 곳이 설악산 봉정암의 적멸보궁과 불뇌사리보탑 (佛惱舍利寶塔)이다. 봉정암 적멸보궁은 쳐다보아도 아찔할 정도의 거대한 바위 아래에 위치해 있는데 그곳이 풍수상 명당(혈)이다. 어느 누구에게 물어봐도 풍수상의 논리와 무관한 곳처럼 보이지만, 자세히 보면 좌우에서 바위 능선들이 겹겹이 감싸 안는 것을 볼 수 있다.

우리는 일반적으로 좌청룡 우백호 하면 흙산으로써 나무가 무

設岳山 法堂
사리명당(혈)
봉정암
청봉골
죽음의계곡

▲ 설악산 봉정암 지형도 (출처 : 포털 네이버 지도)

성한 것을 연상한다. 그러나 설악산의 경우 아직 탈살(脫殺)이 덜
되어 바위 상태로 있다.

　날씨가 맑은 날 봉정암에서 앞을 바라보면 좌우 능선이 봉정암
을 겹겹이 감싸 안는 것을 볼 수 있다. 또한 불뇌사리보탑이 놓여
있는 곳은 능선의 중심부에 해당된다. 그러나 이곳은 명당(혈)이
아니다. 명당(혈)은 그 아래 지점에 결지되었다.

　자장율사는 왜 적멸보궁은 명당(혈)에 잡아놓고 정작 가장 중요

▲ 설악산 봉정암 전경

한 부처님의 진신 사리가 있는 불뇌사리보탑은 명당(혈)에 안치하
지 않은 것일까?

　그 이유는 현재의 봉정암 전각의 위치가 많이 변형되었기 때문
이다. 즉, 식사를 제공하는 곳(명당:혈)이 과거의 적멸보궁이었다
고 하니 아마 지금의 불뇌사리보탑도 자장율사가 처음 자리 잡았
을 때의 위치가 아닐 것이라 생각된다.

　봉정암엔 주말만 되면 보통 1,000여 명 이상의 참배객과 등산
객이 찾아와 머물다 간다. 이렇게 많은 사람이 봉정암을 찾는 것

▲ 오대산 상원사와 적멸보궁의 지형도 (출처 : 포털 구글 지도)

은 어떤 특별한 기운이 이곳에 있기 때문이 아닐까 한다.

오대산의 상원사 적멸보궁은 자장율사가 당나라의 오대산(청량산)에서 문수보살을 친견한 후 그곳과 유사한 곳을 찾아 부처님의 진신 사리를 봉안한 곳이다.

오대산 적멸보궁 자리는 한반도의 중심 맥인 백두대간의 허리부분에 해당되는데 모든 산천정기가 이곳에 모였다고 해도 과언이 아니다. 오대산의 모든 기운이 비로봉에서 급하게 내려오다가 적멸보궁 공원지킴터의 초소에서 다시 힘차게 솟구쳐 올라 하

▲ (좌) 오대산 상원사 적멸보궁 전경 (우) 오대산 상원사 적멸보궁 바로 밑에 있는 진응수

나의 봉우리를 만들고 다시 오르락내리락 하면서(위이기복) 좌측
으로 구부러져(곡입수) 적멸보궁 자리를 만든 것이다.

　해발 1,200m나 되는 높은 곳이지만, 앞뒤 좌우에서 병풍처럼
빙 둘러 감싸 안아주어 높다는 느낌이 전혀 들지 않는다. 또한 이
곳의 좌측 아래에 맑은 샘물이 솟아나고 있어 이곳을 찾는 참배
객이나 등산객들의 갈증을 풀어주고 있다. 이 샘물이 바로 적멸
보궁이 명당(혈)이라는 사실을 말해주는 명당수(진응수)이다.

　적멸보궁에 명당(혈)을 만들고도 그 힘이 너무 강하여 상원사까
지 맥을 끌고 가 명당(혈)을 만든다. 이런 연유로 풍수지리를 모르
는 사람도 상원사의 적멸보궁에 있으면 '아, 이곳이 명당(혈)이구
나!' 하고 감탄하게 된다.

조선시대 어사 박문수가 조선팔도를 두루 돌아다닐 때 상원사 적멸보궁을 보고 "승도들이 좋은 기와집에서 남의 공양만으로 편히 받아먹고 사는 이유를 이제야 알겠다."라고 말했다고 한다. 조선시대는 숭유억불정책으로 불교가 탄압받던 시절이었다.

적멸보궁의 위치는 마치 다섯 마리의 용이 여의주를 품고 있는 형상과 같다고들 한다. 오대(동, 서, 남, 북, 중대)에서도 가운데에 해당하는 중대는 한반도 백두대간의 허리 부분에 해당되는 곳으로, 모든 산천정기가 모여 있는 이곳에 부처님의 진신 사리를 모셔놓았으니 한국 불교가 망하지 않는 것이라고들 말하는 것이다. 또한 부처님의 진신 사리가 어디에 있는지 알 수 없어 적멸보궁 경내 전체에 부처님이 항상 있는 것처럼 느껴져 더욱 신비스러운 느낌을 준다.

영월군 수주면 법흥리에 있는 사자산은 멀리서 보면 마치 연꽃처럼 보인다고 하여 연화형국으로 보았으며, 그 연꽃의 화심에 해당하는 곳이 바로 적멸보궁 자리이다. 적멸보궁은 좁은 계곡을 따라 한참을 올라간 후 산 언덕에 있는 험한 바위산 바로 밑에 자리하고 있다.

풍수적으로 본다면 적멸보궁 자리는 사자산의 험한 기운이 그

▲ (좌) 영월 사자산 법흥사의 적멸보궁 외부　(우) 영월 사자산 법흥사의 적멸보궁 내부

짧은 거리에서 모두 사라지고 부드럽고 깨끗한 용맥(능선)으로 변하여 명당(혈)을 만든 곳이다. 이 명당(혈)을 만들기 위해 법흥사 입구 계곡의 바람을 피해 작은 능선을 길게 뻗어 내렸던 것이다. 참으로 오묘한 자연의 이치다.

적멸보궁이 있는 마당 끝에 작은 봉우리가 있었다고 한다. 이곳이 자장율사가 처음 자리 잡은 사자산 적멸보궁 명당(혈)의 안산이다. 부처님의 진신 사리는 도적의 피해를 막기 위해 날짐승들이 넘나드는 사자산의 연화봉 어딘가에 있다고 하나 호국불교로써 화엄사상을 한반도에 널리 펼쳐 불국정토를 바랐던 자장율사가 명당(혈) 어디엔가 잘 모셨을 것이라 생각된다. 사자산의 적멸보궁에서 다시 한 번 자장율사의 풍수 식견에 감탄하지 않을 수 없다.

5대 적멸보궁에 부처님의 진신 사리를 봉안한 이후부터 현재까지 1,300여 년이 흐르는 세월의 영겁 속에서도 그 맥이 끊어지지 않고 이어져 오고 있다는 것은 참으로 대단하다고 하지 않을 수 없다.

같은 시대 늪을 메워 건축한 국찰로 유명한 백제의 미륵사나 신라의 황룡사의 경우는 역사의 뒤안길로 사라져 이제는 그 시대의 영화가 대단했다는 것을 주춧돌만이 말해주고 있을 따름이다. 그러나 자장율사가 창건한 5대 적멸보궁은 풍수적으로 명당(혈)에 있기에 한반도에 불교가 융성하고 있으며 불교의 참뜻을 꽃 피우고 있는 것이다.

왕위를 찬탈당한 비운의
명주군왕 김주원

명주군왕 김주원은 태종무열왕의 셋째 아들 문왕의 5세손이며 강릉 김씨의 시조이다. 김주원의 집안은 여러 차례 상대등과 시중을 지낸 바 있으며, 신라 36대 혜공왕 때 시중을 역임하였다. 김지정의 난으로 상대등 김양상과 김경신이 평정하고 난 뒤 혜공왕마저 시해하고 김양상이 37대 선덕왕으로 즉위하였는데 이때 김경신의 공이 커 상대등에 임명되었다.

왕이 된 선덕왕은 개국공신인 상대등 김경신의 눈치를 볼 뿐 소신 있는 정치를 펴지 못하다가 후계자 없이 세상을 뜨게 된다.

선덕왕이 죽자 당시 누구나 무열왕계의 김주원이 왕위에 오를 거라고 생각했다. 김주원은 왕의 조카로 신하들의 추대를 받았기 때문이다. 그러나 서울(금성) 북쪽 이십 리 떨어진 곳에 있던 김주원이 큰 비가 내려 알천의 물을 건너지 못하는 상황이 발생하자 이는 하늘이 김주원이 왕이 되는 것을 원하지 않기 때문이라며 내물왕계 세력들이 김경신을 왕으로 추대하게 된다.

김경신은 상대등의 지위를 가진 실세로 확실한 지지기반을 가진 치밀하고 야심찬 인물이었다. 성골인 내물왕계와 진골인 무열왕계의 권력 투쟁에서 내물왕계인 김경신이 승리해 38대 원성왕이 된 것이다.

왕권 경쟁에서 밀려난 김주원은 한을 머금고 연고지인 명주 지역으로 갈 수밖에 없었다. 아들인 김헌창과 손자인 김범문이 한을 풀기 위해 반란을 일으켰지만 아쉽게도 모두 실패로 끝났고, 명주군왕 김주원은 생몰년대조차 알 수 없다.

명주군왕 김주원의 묘는 강릉시 성산면 보광리 산 285-1번지에 있다. 신라시대에 만들어진 본래의 묘는 전하지 않으며, 현재 전해지는 것은 조선 명종 때 강릉부사와 강원도관찰사 등을 지낸 후손 김첨경에 의해 복원된 것이다. 이 지역 대부분의 사람들과 후손들인 강릉김씨 종중(宗中)은 이 묘가 대단한 명당(혈)이라고 알고 있다.

그러나 사실 이 묘는 명당(혈)에 정혈되지 못했다. 우리의 인체

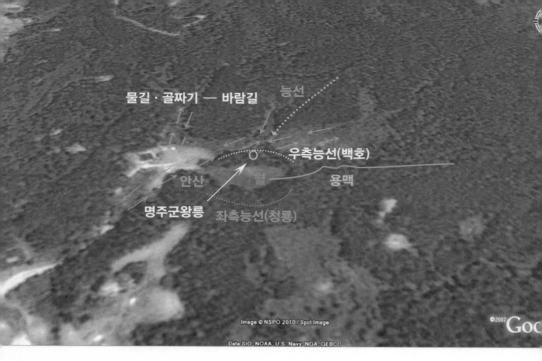

물길·골짜기 — 바람길　능선

우측능선(백호)

용맥

혈

안산

명주군왕릉　좌측능선(청룡)

Image © NSPO 2010 / Spot Image

Data SIO, NOAA, U.S. Navy, NGA, GEBCO

©2007 Goo

▲ 명주군 왕릉의 지형 및 용맥의 흐름도 (출처 : 포털 구글 지도)

로 비유한다면 왼손의 엄지 부분으로 우백호에 해당되어 백호 능선 너머에서 불어오는 바람을 막아주는 역할을 하는데, 묘의 오른쪽 부분의 계곡이 상당히 깊어 묘가 있는 위치가 상대적으로 높다고 느껴지며 묘가 있는 능선 너머에서 산자락이 묘를 향해 찌르게 되는데 바로 이 자리가 능침살에 해당한다.

　산이 높고 계곡이 깊다는 것은 바람이 골짜기를 통해 이동한다는 의미다. 풍수지리상 명당(혈)은 바람을 매우 싫어한다. 바람이

▲ 용맥의 흐름에 의한 명당(혈)과 안산, 청룡, 백호

타는 곳에서는 결코 명당(혈)이 결지되지 않는다.

　묘가 있는 능선은 단지 우측 능선으로 우백호의 역할로써 명당(혈)에 불어오는 바람과 명당(혈)을 만들고 보호하기 위한 보호사인 것이다. 실제 명당(혈)은 산 능선이 갈라지는 지점의 약간 아래에 결지되어 있다. 즉, 구혈로써 엄지와 검지가 갈라지는 지점이 명당(혈)이다.

　명당(혈)에서는 좌청룡 우백호가 서로 균형과 조화를 이루고 안

▲ (좌) 명주군 왕릉의 능원 (우) 실리콘으로 처리한 대리석 사각 호석이 밀려난 명주군 왕릉 모습

정감을 유지하여 편안한 느낌을 받게 된다. 결코 높다는 것을 인식할 수 없어야 한다.

청룡 부분은 좌측 능선으로 검지를 약간 구부린 형태이며 명당(혈)에서 안산(案山)은 검지 끝부분의 볼록한 부분으로 본신안산(本身案山)에 해당된다. 그러나 대부분의 사람들은 좌청룡 우백호가 감싸고 있는 바깥에 둥그런 산을 안산으로 생각하고 있다.

그러나 명주군왕 김주원 묘의 봉분 상태를 보면 새로 단장한 지 그리 오래 되지 않은 듯 깨끗한 사각형으로 된 대리석 호석이 앞뒤 좌우로 밀려나고 있다. 밀려난 부분을 다시 말끔히 단장해 놓아도 또 조금만 시간이 지나면 다시 훼손되곤 한다. 땅이 자전과 공전을 하면서 계속 움직이고 있기 때문에 미세한 변화가 계속 일어나고 있는 것이다. 명주군왕 김주원이 묻힌 곳은 명당(혈)이 아닌 백호 능선에 해당되므로 지금도 이런 미세한 변화가 일어나고 있다고 보여진다.

반면 명당(혈)에 정혈되어 있는 묘들은 천년의 세월이 무색할 정도로 봉분 상태가 양호할 뿐만 아니라 둘레석도 원형이 훼손되지 않고 본래 모습 그대로를 간직하고 있다. 명당(혈)에 정혈되어 있는 선덕여왕릉이나 진덕여왕릉은 명주군왕 무덤보다 훨씬 이전에 조성되었지만 원형 그대로이다. 또한 명주군왕 김주원과 왕위 다툼을 벌였던 신라38대 원성왕의 괘릉도 1,200여 년이 흘렀건만 명당(혈)에 정혈되어 있어 왕릉의 둘레석의 십이지신상이 세월이 무색할 정도로 잘 보존되어 있다.

명주군왕 김주원은 살아생전 왕위 계승에서도 천운과 시운이 따르지 않아 권력욕에 불타던 상대등 김경신에게 왕위를 찬탈당하고 죽어서도 명당(혈)에 묻히지 못한 채 영면하고 있다.

괘릉은 경주시 외동읍 괘능리 산 17번지에 위치해 있는 신라 38대 원성왕(재위 785년~798년)의 무덤이다. 원성왕의 이름은 경신이며 내물왕의 12세손이다. 김주원이 홍수로 알천이 범람하여 건너올 수 없게 된 틈을 타 상대등 신분으로 왕으로 추대되었다.

원성왕은 재위 시절 유교 정치를 지향한 독서삼품과를 설치하여 인재등용에 힘썼고, 벽골제를 증축하는 등 농업정책에 힘을 쏟으며 많은 업적을 남겼다.

원성왕의 능에 괘릉이라는 명칭이 붙게 된 이유는 왕릉이 있기 전 못이 있었기 때문이라고 한다. 못을 메우고 무덤을 만들었는데 물이 무덤 안으로 들어와 관을 바닥에 놓을 수 없어 무덤 안에 걸어놓았다고 하여 걸 괘(掛)를 사용하여 괘릉이라고 부르게 된

▲ 신라 38대 원성왕릉

것이다.

반면 최치원이 지은 대승복사 비문에는 이곳에 곡사라는 절이 있었는데, 원성왕이 죽으면서 장지로 선정되어 절을 옮겼다는 기록도 전해진다.

괘릉은 당나라 능묘제의 영향을 받은 능으로 못을 메워 왕의 무덤으로 하였다고 하나, 어떻게 왕의 무덤을 연못을 메워 조성할 수 있었겠는가? 오히려 '곡사' 라는 절을 옮기고, 그 위에 왕릉을 조성하였다는 속설이 더 타당하게 받아들여진다.

명당(혈)

▲ 신라 38대 원성왕릉의 입수룡

　당시 당나라 때 양균송은 『장법도장』에서 '물이 스며들어 관을 바닥에 놓을 수 없을 경우 돌로 괴어 관을 놓아야 한다.' 고 했다. 그렇다면 원성왕릉의 조성은 당나라의 풍수지리에 의해 행해졌다고 볼 수 있을 것이다.

　괘릉을 보면 능 바로 뒤의 능선에서 맥이 내려와 명당(혈)을 만들었음을 알 수 있다. 또한 능과 능 뒤의 능선을 보면 이곳에 연못이 있을 수 없다는 것을 알 수 있다. 지금도 능 바로 뒤 양쪽에서 물이 나오고 있으며, 비가 올 경우 상당히 많은 양이 흘러나와 봉분 앞쪽으로 흘러간다. 물이 이렇게 많이 나오다 보니 천광(穿壙) 시 무덤 안으로 물이 흘러들어갈 수밖에 없었을 것이다.

이 능은 도열된 문인석, 무인석, 사자상보다 한 단계 위에 봉분이 형성된 명당(혈) 중에서 유혈이라는 것에 속하며 좌우에서 흘러나온 물이 앞으로 모여 빠져나가게 되어 있다. 지금도 앞쪽의 도열된 사자상과 문·무인석의 중간에는 물이 질펀하게 고여 있다. 아마 능 조성 시 연못이 있었다면 절 앞에 해당되는 이곳에 있었을 것이고 이 연못을 메웠을 것이다.

능이 조성된 지 1,200여 년이란 세월이 흘렀지만 봉분 상태나 둘레석인 십이지신상의 형상은 세월의 흐름이 무색할 정도로 보존이 잘 되어 있다. 또한 능 앞에 도열해 있는 문인석, 무인석, 사자상의 석물에서 보이는 뛰어난 조각 수법과 예술성은 신라인의 장인 정신을 보여준다. 특히 힘이 넘치는 무인석은 서역인의 특징이 고스란히 담겨 있어 통일신라가 서역과도 활발한 문물 교류를 하였음을 보여준다.

만약 이곳이 풍수지리상 명당(혈)이 아니었다면 과연 능과 조각상이 현재의 모습으로 남아 있을 수 있을까?

명당(혈)은 바람을 타는 것을 싫어한다. 바람을 타면 자연히 마

▲ 신라 38대 원성왕릉 앞의 사자상. 왼쪽 앞발을 살짝 들고 있는 모습에서 생동감이 느껴진다.

모되어 형체를 알 수 없기 때문이다. 그러나 이곳 괘릉은 명당(혈)
이어서 세월의 흐름을 잊고 있는 듯하다. 그런 연유로 괘릉은 신
라의 왕릉 중에서 석물이 가장 잘 보존되어 있다.

사람들은 '포석정'을 경애왕이 후백제의 견훤이 침공했을 때 술판을 벌이다 최후를 맞이한 장소로 알고 있다. 우리에게 유일한 역사서인 『삼국사기』나 『삼국유사』에 그렇게 명시되어 있기 때문이다. 그래서 포석정에 관한 안내서에도 똑같은 내용이 기술되어 있고 이곳을 찾는 모든 사람들은 이 내용을 사실로 믿는다.

하지만 아무리 정신이 나간 통치자라 하더라도 적이 눈앞까지 쳐들어왔는데 향연장에서 술판을 벌이면서 최후의 만찬을 즐길 자가 어디에 있단 말인가?

비록 역사서에는 신라 경애왕을 나라의 패망과 죽음이 눈앞에 있는데도 포석정에서 최후의 만찬을 즐기다가 사라져 간 불나

▲ 경애왕의 비사를 간직하고 있는 포석정

방처럼 기술하고 있지만, 이러한 위정자가 통치한 신라가 천년
이란 세월 동안 찬란한 문화를 꽃피우고 삼국을 통일할 수 있을
리 없다.

한반도는 대륙과 해양 사이에 있는 반도 국가여서 외세의 침략
을 수없이 받았다. 때문에 시대별로 기술한 당시의 기록물들이
전쟁의 참화로 모두 소실되어, 제대로 된 역사서가 전해지지 않
는다. 그래서 유일하게 현존하는 역사서인 『삼국사기』나 『삼국
유사』에 의존하고 있는 실정이다.

▲ 거문성, 탐랑성, 무곡성 등 산세가 수려한 경주 남산

　하지만 이 두 역사서는 신라가 패망한 후 200~300년이란 세월
이 지난 후 승전국의 입장에서 기술된 것이다. 그러니 몇 백 년
전의 역사를 어떻게 세세히 기록할 수 있었겠는가?

　예전에 TV 프로그램 〈KBS 일요스페셜〉에서 포석정은 단순히
왕이 향연을 즐겼던 장소가 아니라 제사나 의식을 치르기 위한
장소이며 포석정 위쪽에 포석사라는 절이 있었다는 것을 보여주
었다. 역사를 새로운 각도에서 재조명해 본 결과였다.

　경주의 남산은 신라시대에 매우 신성한 장소였다. 남산의 웅장

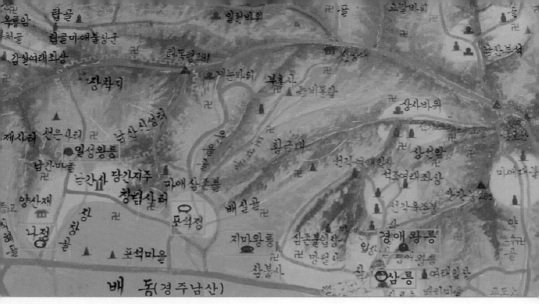

▲ 경주 남산 포석정 부근의 유적지

한 산세뿐 아니라 산의 모양이 북두칠성의 거문성, 탐랑성, 무곡성에 해당하며 그 기세가 장엄하여 이곳에 있게 되면 자연히 자연에 대한 외경심을 갖게 된다. 그러다 보니 남산 자락에 신라 선대왕들의 탄생지와 묘역이 조성되었고(나정:신라시조 박혁거세의 탄생설화 장소, 일성왕릉, 삼릉:아달라왕(8대), 신덕왕(53대), 경명왕(54대)), 포석정 바로 옆에 지마왕(6대)의 묘역이 조성된 것이다.

또한 바로 인근에 창림사 터, 마애삼존불 등 수많은 석상들이 있어 승려와 백성들이 이곳을 찾았다. 포석정이 있는 위치는 남산의 웅장한 산세의 모든 기운이 한군데 모인 명당길지라고 여겼

▲ 신라 55대 경애왕릉(재위 : 924년~927년), '왕은 53대 신덕왕의 아들로 927년 포석정에서 잔치를 베풀고 있을 때 후백제 견훤의 습격을 받아 생을 마쳤다.'라고 안내판에 명시되어 있다.

을 것이다.

　신라왕들이 월성궁에서 가까운 안압지궁을 나두고 굳이 멀리 떨어져 있는 남산 자락에 향연 장소를 만들 리 없다. 어떻게 조상의 묘역이 바로 옆에 있는데 술판을 벌일 생각을 했겠는가?

　이는 분명 그릇된 역사관을 가진 역사가의 붓 끝에서 놀아난 자기부정인 것이다. 왜곡된 역사의 최대 피해자인 경애왕과 당시를 살다간 신라 백성들의 억울한 한을 위해서라도 역사는 바로 기술되어야 한다고 본다.

　후백제의 견훤이 침략하였을 당시 경애왕은 문무백관을 거느리고 구국의 기원을 염원하던 행사를 치르고 있었을 것이다. 문무왕 때 당나라 고종이 수군을 동원하여 신라를 공격할 당시 낭산에 있는 사천왕사에서 불력으로 당나라 수군들을 수장시켰던 것처럼 말이다.

하지만 이러한 의식을 치르는 모습이 적의 입장에서는 향연으로 잘못 인식되었고, 불행하게도 포석정이 사천왕사지와 같이 명당길지가 아니어서 경애왕의 염원을 들어주지 않았던 것 같다.

그러나 포석정은 결코 『삼국사기』나 『삼국유사』에서 기술한 것처럼 향연을 베풀던 곳이 아니라 국가의 중대사를 결정할 때 의식을 거행하던 곳이라 할 것이다.

2008년 8월 30일 '한양대학교 건축대학 BK21 지속가능 건축 기술 전문가 양성사업단 2008년 학술세미나'에서 많은 풍수인들이 참석한 가운데 '건원릉 풍수의 허와 실'에 대해 음택풍수 대토론회가 열렸다. 많은 풍수학인들이 모여 조선의 건국자인 태조 이성계가 영면해 있는 건원릉에 대해 견해를 피력했다.

사람들은 건원릉이 상당히 좋은 자리인 명당으로 알고 있다. 그러나 공교롭게도 건원릉에 대한 발표자 전원이 건원릉은 명당 길지가 아니라고 했다.

하지만 저자는 이들과 조금 다른 견해를 가지고 있다. 그래서 건원릉을 현재의 시점에서 판단하기 이전에 간과해선 안 될 사항들을 살펴보고자 한다.

우선 건원릉이 1408년에 조성되었다는 사실을 감안해야 한다. 또한 능을 조성할 당시 약 6,000여 명의 인원이 동원되어 과거의 지형을 알아볼 수 없을 정도로 인작(人作)을 하였으리라는 사실도 염두에 두어야 할 것 같다.

한 예로 몇 년 전 모 그룹 회장의 장지를 조성할 때 참관한 적이 있는데, 수많은 중장비를 들여 묘역을 조성하는 과정에서 너무 많이 인작되어 원형이 완전히 변형되는 것을 봤다. 현재의 모습을 보면 모두 탄복할 정도의 명당이 된 것이다.

또한 태종은 개국조선을 반석 위에 올려놓기 위해 갖은 노력을 경주한 왕으로 알려져 있다. 후대의 왕들이 외척에 휘둘리지 않기 위해 외척들을 과감히 배척하며 권력의 주변에서 밀어냈다. 그러한 과정에서 많은 피를 불러왔다. 그래서 후세는 그를 '태종 이방원'이라고 부른다.

이런 철권 정치하에 있던 시절 태조 이성계의 능을 조성할 때 당시의 풍수지관이 명당자리가 아닌 흉지를 잡았다고 한다면 아마 역적으로 몰려 구족(九族)이 멸문지화를 당하는 것은 당연지사라 할 것이다.

신권이 왕권을 능멸하는 과정에서 건원릉은 무학이 소점하였다는 설이 나오게 되었다. 즉, 선조가 적통이 아니기 때문에 의인왕후 박씨가 목릉 지역에 7개월 만에 장례를 치르는 과정에서 이항복이 무학대사 소점론을 제기했다. 삼전도의 굴욕을 씻기 위해 갖은 노력을 경주하던 효종이 갑작스런 의문의 죽음을 맞아 효종의 장지로 제기되던 수원의 화소자리(사도세자의 융릉, 정조의 건릉)를 갑자기 동구릉으로 정하게 되는 과정에서 무학대사의 동구릉 소점설이 나오게 된 것이다.

오늘날 대다수가 알고 있는 무학대사의 점지설은 일제강점기 시대에 조선인들이 풍수를 너무 신봉해 조선을 식민지화하는 데 상당한 어려움이 있어 풍수를 미신으로 만들기 위한 일제의 술책이다.

일제는 조선총독부 휘하에 있는 순사(경찰)들을 지원해 『조선의 풍수』란 책을 만들고, 여기에 '태조 이성계는 고려시대의 독립왕릉제에 여러 가지 폐단이 있으니 가족묘식을 채택하라며 풍수승인 무학에게 좋은 자리를 점치게 하여 동구릉 자리를 얻었다.'고 기록했다. 하지만 이는 결국 일제의 술책이며, 우리는 정확한 사실 여부를 확인하지도 않은 채 이 내용을 사실인 것처럼 받아들였던 것이다.

현재의 방위
안산 없음

자연상태의 안산

용맥

▲ 건원릉은 형기에 의해 터를 잡고 이기에 의해 능을 조성했다.

　대부분 음택의 발복(發福)이 후손에게 지대한 영향을 끼친다고 믿고 있다. 그러나 중국의 양택서인 『황제택경』에는 양택에 대해 '묘는 나쁘나 집이 좋으면 자손에게 관록이 있고, 묘는 좋으나 집이 나쁘면 자손이 가난하고, 묘와 집이 모두 좋으면 자손이 영화를 누리고, 반면 묘와 집이 모두 나쁘면 고향을 떠나고 대가 끊긴다.' 라고 명시되어 있다.

　이제 이러한 내용들을 반추해 보며 건원릉에 대해 고찰해 보자. 건원릉은 검암산을 주산으로 하여 중출맥은 아니지만 횡룡

▲ 건원릉의 용맥은 위로 솟구쳐 굽어서 혈장에 들어간다(곡 입수).

입수하여 위이기복하여 오다가 천심하여 건원릉(혈지) 바로 위에서 우측으로 위이하여 결지한 형태이다.

현재의 건원릉을 보면 능 바로 위가 볼록하여 마치 이곳으로 맥이 내려오는 것처럼 보이나 볼록한 부분에서 보면 전체적으로 균형이 잡혀 있지 못하고 우측으로 치우친 것으로 볼 수 있다. 이 볼록한 부분은 인작을 가한 것으로 판단된다. 이 볼록한 부분 바로 우측에서 건원릉으로 맥이 이어진다는 것을 알 수 있게 된다. 이 부분에서 자세히 보면 능 좌측의 소나무가 무성하여 앞의 산이 보이지 않는다.

건원릉에서 보면 안산(案山)이 없어 대부분 명당(혈)의 결지 조건에 맞지 않는다고 할 수 있다. 그러나 좌측의 소나무가 무성한 너머에 아름다운 탐랑체의 안산이 있다는 사실을 아무도 모를 것이다.

건원릉이 높은 위치에 있기에 명당(혈)이 되려면 반드시 안산이 높은 위치에 있어야 한다. 건원릉의 현재의 좌향 형태로 보면 앞이 훤하게 뚫려 있어 안산이 될 만한 곳이 없다. 그러나 건원릉의 우측에서 곡입수 형태로 내려온 상태에서 현릉 쪽으로 바라보면 아주 자연스럽게 건원릉과 같은 높이의 안산이 있는 것을 볼 수 있다.

현재의 건원릉은 조선 초기 최고의 지가서로 인정받았던 『호순신의 지리신법』에 의해 '계좌정향'으로 모든 초점이 맞추어져 조성된 것으로 보여진다(건원릉은 형기에 의해 터를 잡고, 이기에 의해 능을 조성하였다고 볼 수 있다).

당시 『호순신의 지리신법』의 위력은 어마어마했다. 계룡산에 개국조선의 새로운 도읍지가 한창 공사가 진행되던 중에 하륜의 '장생파 쇄파지지(물이 좋은 곳으로 빠져나가니 망한다는 이론)'라는 말

▲ 건원릉의 안산

때문에 공사가 중단되고 한양으로 천도했을 정도니 말이다.

건원릉의 안산이 바로 앞에 있다는 것을 알지 못하고 단지 현재의 능만 보고 판단하다 보니 갑론을박할 수밖에 없는 것이다.

형기적인 측면을 고려하여 능을 조성하였을 때 전면이 좁아 왕의 능역으로써 상당히 왜소하게 느껴질 것으로 보인다. 그래서 명당(혈)으로써『호순신의 지리신법』에 일치하는 방향으로 정하였을 것이다. 그러다 보니 또한 많은 인작이 이루어졌을 것이다. 조선실록에도 수라청 건물의 수해에 대한 언급이 있고, 주초만

남은 수라청 건물의 원형을 담고 있는 사진 자료가 발견되었다는 기록이 있다.

이러한 내용들은 건원릉 옆의 골짜기에서 나온 물과 선조의 목릉 구역에서 나온 물이 합류하여 건원릉 앞을 지나간 것을 단적으로 입증하는 예라고 할 수 있다.

건원릉이 현릉 쪽의 안산을 바라보고 있으므로 명당(혈)이 결지하려면 당연히 우선룡에 좌선수(左旋水)하게 되어 있다. 현재의 정자각에서 건원릉 좌측을 바라보면 골이 형성되어 있다. 그 골의 물이 어디로 빠져나갈 것인지 생각해 보면 좌선룡이 될 수 없다는 것을 알 수 있을 것이다. 원형에서 많은 부분 인작을 가미하였을 것으로 본다.

그리고 건원릉에서 백호쪽 능선을 자세히 보면 상당히 높다는 것을 알 수 있다. 능선이 앞쪽으로 더 뻗어 내려갔을 것으로 보인다. 건원릉에서 수세가 직선으로 쭉 빠지는 것으로 알고 있는데 자세히 보면 갈지자로 구불구불하게 빠져나간다.

또한 건원릉 위의 결인속기(結咽束氣) 처를 백호 능선이 찌른다고 하나 자세히 보면 능선의 흐름이 찌르는 것이 아니라 함께하는 것을 알 수 있다.

▲ 우선룡에 좌선수에 의한 음양교합

　결론적으로 말하면 건원릉은 검암산의 중출맥이 아닌 방룡에 해당하기 때문에 아주 큰 대지라고는 할 수는 없으나 명당길지라는 데는 추호도 의심할 여지가 없다고 본다.

동구릉은
조선왕들의 공동묘지이다

동구릉은 조선 최대의 명당길지로 알려져 있다. 이곳이 길지이기 때문에 많은 능이 조성되었다고 생각하는 것이다. 하지만 사실 왕권과 신권의 권력 다툼에서 왕권이 쇠락하여 능이 한군데 조성된 것에 불과하다.

왕릉이 여러 곳에 조성될 경우 인근 지역(사방 10여 리)의 권신들의 묘역이 이유 없이 파헤쳐지는 사태가 발생해 권신들의 반대에 부딪혀 한곳에 모이게 되었다고 보는 것이 타당하다는 것이다. 즉, 대신들의 이기심에 의해 조성된 왕들의 공동묘지이다.

동구릉은 17명의 왕과 왕비들이 묻힌 곳이다. 태조 이성계가 승하한 후 여러 곳을 장지로 찾던 중 김인귀라는 자로부터 검암(지금의 동구릉 일대)에 길지가 있다는 말을 듣게 된다. 하륜 일행이

▲ 동구릉의 위치

이곳을 답사하여 풍수적으로 길지임을 판단한 후 태종에게 보고
해 결정하게 된 것이다.

건원릉 자리는 말 그대로 천하의 명당길지(정혈됨)라고 표현함
에 있어서 이의를 제기할 사람은 아무도 없을 것이다. 이때만 해
도 조선개국 초기의 건국자인 태조 이성계가 영면할 자리인지라
감히 최고의 명당이 아니면 말 붙이기 어려운 시기였다. 태종의
지엄한 분부가 있었던 터라 감히 신하들이 이에 거슬리는 행동을
할 수 없었을 것이다.

그러나 시간이 가면서 왕권이 약화되어 권신들이 자신의 이익
을 대변하기 시작했다. 병약하였던 문종이 일찍 승하하자 할아버

▲ 건원릉의 전경. 명당(혈)에 정혈되었다.

지 태종과 아버지 세종이 잠들어 있는 대모산 자락에 택지를 선정하려다가 동구릉으로 옮기는 기막힌 사연이 발생하게 되는데, 후에 세조가 된 수양대군이 당시부터 왕심을 가지고 있었다고 볼 수 있다.

수양대군은 풍수지리에 대해 뛰어난 실력을 가지고 있었다. 수양대군은 형인 문종왕릉 택지 문제로 지관인 목효지를 매질 후 노비로 예속시키고, 이현로를 효수시켰으며, 최양선을 삭탈관직 후 유배시켰다. 국문에 붙여 치죄토록 상소한 것도 바로 수양대군이었다.

또한 천기누설을 입막음하기 위해 문종왕릉의 택지 조성을 감독하던 이조판서 민신에게 자객을 보내 참살하게 하였다. 우의정 정분은 하루아침에 수양대군에게 추탈되어 일개 관노로서 생명을 부지하다가 일 년 후 사사되었다.

수양대군이 문종의 능침을 동구릉에 정하게 된 사유는 왕심에 대한 집착의 발로가 아닌가 한다. 만약 동구릉의 문종(현릉) 자리

명당(혈)

▲ (좌) 현릉(조선 5대 문종. 재위:1450년~1452년). 명당(혈)에 정혈되지 못하였으며 세조를 꿈에서 괴롭혔던 현덕왕후릉은 과룡처에 해당된다. (우) 현릉 뒤 곡장이 명당(혈)이다.

가 명당길지라고 하였다면 이곳에 능침을 정하지는 않았을 것이다.

문종(현릉)의 능침 조성 후 156년이 지난 선조(중종의 후궁 창빈안씨의 손자) 때 선조의 정비 의인왕후 박씨가 승하하자(선조 33년 1600년 6월 27일) 왕릉 택지 문제로 신하들이 여러 핑계를 대면서 시간을 끌다가 결국 처음 거론하였던 태조 이성계 건원릉 옆의 능선에 능을 선정했다.

왕비의 장례가 끝난 후 선조는 신하들에게 볼멘소리로 "이번 국상에는 해괴한 일이 너무 많았다. 7개월 만에 장사를 치렀던 것은 전에 없던 일이고, 현궁이 닫혔는데 지석을 묻지 않았던 것도 전에 없던 일이며, 게다가 사신들까지 서로 날짜를 끌면서 지

▲ (좌) 목릉(조선 14대 선조. 재위:1567년~1608년) 전경 (우) 목릉 뒤 곡장이 명당(혈)이다.

문 보기를 무슨 휴지조각 보듯 하였으니 도대체 무슨 까닭인가. 나랏일이 과연 이래서야 되겠는가?"라고 하였다고 한다.

조선이 국시로 유교를 최우선으로 숭상하던 시절로 적서의 구분이 엄격하던 시절이었기 때문에 아무리 왕이라 할지라도 이 적서의 벽을 넘지 못했던 것 같다.

선조는 후궁 창빈안씨 소생의 덕흥 부원군의 자식으로서 당시 왕이 되기는 거의 쉽지 않은 상황이었다. 이렇다 보니 왕으로 등극은 하였으나 항상 후궁의 소생이라는 꼬리표가 따라다녀 정사를 보는 데 있어 어려움이 많았다. 권신들에게 왕권이 먹혀들지 않아 왕으로서 감내하기 힘든 수모를 겪어야 했다.

이렇게 하여 선조(목릉)가 동구릉에 잠들게 되었는데, 태조에서 문종까지 능침을 조성할 때 병풍석을 둘렀다. 세조 때 와서 병풍석을 두르는 것은 풍수상 좋지 않다고 하여 세조는 병풍석을 두르지 못하게 했고, 난간석으로 대체하였다. 그러나 병란을 겪은 왕들은 병풍석을 두르는 것이 병란에 대한 병살을 막아준다고 생각하여 임진왜란을 겪은 선조와 병자호란을 치른 인조의 능침은 다시 병풍석으로 감싸 안았다고 한다.

동구릉 한쪽 구석에 깊숙이 틀어박혀 있는 목릉 구역은 생전에 수많은 한과 애환을 품고 살다간 선조와 의인왕후 박씨, 인목대비 김씨의 능침이다. 선조가 잠들어 있는 목릉은 태조 건원릉 좌측에 위치해 있으며, 능은 정혈되어 있지 않고 곡장(曲牆)에 혈이 있어 능침이 있는 곳은 합수처(合水處)에 해당된다.

의인왕후 박씨는 선조 바로 좌측에 있으며, 무맥지(無脈地)로 골바람을 상당히 많이 받고 있다. 비운의 영창대군 어머니 인목대비는 의인왕후 좌측에 잠들어 있는데 역시 무맥지로써 골바람을 맞고 있는 상태이다.

신권이 강화되면서 동구릉 지역에 대한 상소가 계속되었다. 선조(14대) 때 영의정 이항복 등이 태조가 신승 무학을 데리고 몸소 잡은 자리가 건원릉이라는 것을 전한 바 있으며, 현종(18대) 때 송

무맥지

골바람을 맞고 있음

▲ 목릉 구역내 의인왕후 박씨 능(1555년~1600년), 소생 없이 46세로 승하. 선조가 적통이 아닌 이유로 신하들이 이 핑계 저 핑계를 대면서 7개월이나 시간을 끌다가 처음 자신들이 주장한 동구릉으로 안장시킨다. 골바람이 부는 곳으로 명당(혈)과는 전혀 관계없는 무맥지에 해당된다.

▼ 목릉 구역내 계비인 인목왕후 김씨 능(1584년~1632년). 무맥지이고 습한 지역으로써 골바람이 강하다.

무맥지

시열이 국초에 무학이 건원릉의 열두 능선을 모두 쓸 수 있다고 하였다고 아뢴 적이 있다. 또한 연양 부원군 이시백도 건원릉은 태조대왕과 신승 무학이 선택한 땅인데 명풍수 이의신과 박상의 등이 칭찬한 땅이라고 현종에게 아뢰었다.

현재 여주의 세종대왕의 영릉 옆 우측 묘역에 조용히 잠들어 있는 북벌론자인 17대 효종대왕(영릉)은 당초에 지금의 영조대왕이 잠들어 있는 곳에 영면해 있었다.

효종은 인조의 둘째 아들로 병자호란으로 심양에 8년간 인질로 잡혀 있었다. 형 소현세자는 청나라와 가까이 지내면서 서양 문물을 접하며 실리적인 면에 치우쳐 있어 부왕인 인조의 노여움을 사서 죽임을 당하고 말았다.

효종은 대군 시절부터 청나라에 대한 적개심을 가지고 있었으며 왕으로 즉위 후 삼전도의 굴욕을 되갚기 위하여 훈련도감에 네덜란드인 하멜을 수용하여 조총과 화포 등의 신무기 개발에 박차를 가하는 등 군비 확충에 주력하면서 민생의 안정도 꾀하였다. 그러나 현실적인 경제 재건을 주장하는 조신(송시열의 서인)과 자주 마찰을 일으켰다. 평생의 한인 삼전도 굴욕의 치욕을 갚지 못하고 41세로 갑작스레 승하하였다(당시 독살설이 제기되었다).

효종의 아들 현종이 즉위하자 수원의 화산 지역(지금의 사도세자와 정조가 잠든 곳)을 택지로 삼아 토목공사를 거행하고 있던 중 느닷없이 송시열이 동구릉 지역을 주장하면서 조정의 신하들도 이구동성으로 동구릉 지역을 주장하였다. 결국 현종 역시 서인들의 힘에 눌려 어쩔 수 없이 동구릉 지역으로 결정하게 되었다.

동구릉을 주장한 송시열은 서인이고 수원의 화산 지역을 주장한 윤선도는 남인이었다. 결국 신하들의 당파 싸움에 의하여 왕릉이 정해진 것이다. 당시 효종의 재궁(梓宮)은 옥체가 들어가지 않아 널빤지를 너덜너덜 붙였다고 한다. 성리학과 예학의 나라 조선에서 그리고 예학을 생명보다 중시하던 당시의 집권층에 있던 송시열의 서인들이 이런 일을 한 것이다. 훗날 송시열은 죽을 때 자신의 관도 덧붙인 관을 사용하라고 유언하였다.

15년 후 서인과 남인의 정쟁으로 조용히 영면해 있던 효종은 파헤쳐져 여주의 왕대리(旺垈里)로 천장하게 된다.

건원릉 우측에 자리 잡은 숭릉은 조선 18대 현종과 그의 비 명성왕후 김씨의 능이다. 부왕의 독살설에 시달리며 살아온 현종은 송시열의 예론논쟁에 의거해 왕권의 정통성 여부와 관련된 예론논쟁에서 남인의 손을 들어주었다.

▲ 숭릉 전경

▼ 숭릉(현종. 재위:1659년~1674년), 부왕인 효종의 죽음에 관심을 보임으로 인해 34세의 젊은 나이로 승하했다. 독살설이 제기되었다. 명당(혈)에 잠들지 못하고 있으며, 능 뒤에 명당(혈)이 있다.

이후 남인의 세력이 커지게 되자 서인 세력들이 위기감을 느끼고 있던 차에 현종이 34세의 나이로 갑자기 승하하게 되자 송시열은 다시 예론을 들고 나왔고, 부왕의 뜻을 받든 숙종은 다시 예송을 일으킨 송시열 등을 유배시킨 후 서인의 거두 송시열을 사사하였다.

현종 역시 신하들에 떠밀려 동구릉 지역에 안장되었는데 왕릉에 사용하였던 석물들은 옛 영릉(세종대왕)에 사용하였다가 땅속에 묻어두었던 것이라고 한다. 왕권이 강화되었을 때는 감히 말도 꺼낼 수 없던 일들이 계속 자행되고 있었던 것이다.

숭릉(현종)은 연주혈 형태로 곡장 뒤 8m 지점에 첫 번째 혈이 있고, 난간석 뒤 2m에 두 번째 혈이 있다. 현재의 능은 합수 지점에 해당하는 곳에 안장되어 있다.

휘릉은 조선 16대 인조의 계비 장렬왕후 조씨(1624년~1688년)의 능이다. 장렬왕후는 한원 부원군 조창원의 딸로 인조 2년에 탄생하여 인조 16년에 15세의 어린 나이로 44세인 인조와 가례를 올렸다. 인조가 죽자 대비가 되고 효종이 죽자 대왕대비가 되었다. 이때 그녀가 입어야 할 상복이 정치문제화되어 예론논쟁으로 번져 조선 역사에 상당한 파문을 일으켰다.

▲ 휘릉. 왕권과 무관함으로 명당(혈)에서 영면했다.

　내용인 즉, 서인이 만 1년 동안만 상복을 입으면 된다는 기년설을 주장하여 그 절차대로 복상을 치렀는데, 이듬해 남인 허목 등이 3년설을 제기하며 서인을 공격한 것이다. 이에 서인의 거두 송시열은 효종이 맏아들이 아니고 둘째 아들이므로 복상은 1년만 하면 된다는 기년설을 주장했고, 남인 윤후 등은 효종이 왕위를 계승하였으니 맏아들이나 다름없다고 반박하며 3년설을 주장했다.

　복상 문제는 양당 간의 정치 쟁점으로 떠올랐고, 송시열 등의 주장에 따라 기년설이 받아들여져 남인의 입지가 약해지고 서인의 입김이 강해지는 계기가 되었다. 효종비 인선왕후 장씨가 죽자 다시 복상 문제가 대두되었고, 남인은 기년설을, 서인은 대공설(9개월)을 주장하였는데 이때는 남인의 기년설이 채택되어 서인 정권이 몰락하고 남인이 정권을 잡는 계기가 되었다.

휘릉은 장렬왕후 조씨가 안치된 곳으로, 조씨는 후사가 없어 권신 간의 정치적인 이해관계에 놓이지 않아 풍수적인 면에서 상당히 명당길지에 정혈되어 있다.

원릉은 조선 21대 임금인 영조와 그의 계비 정순왕후 김씨의 능이다. 영조는 조선 역사상 가장 장수한 왕(83세)이자, 정치를 잘한 왕으로 이름이 알려진 반면 가장 비정한 왕으로도 알려졌다. 천민의 피가 흐르는 영조(천민 출신 후궁 숙빈의 아들)는 이복형인 경종(장희빈의 아들)이 병약하고 후사가 없던 관계로 노론과 소론의 정쟁의 소용돌이 속에서 세제 대리청정을 반복하며 목숨을 부지하기 위해 갖은 노력을 다했다. 마침 경종이 재위한 지 4년 2개월 만에 지병으로 인해 37세의 나이로 승하하자 세제인 영조가 즉위하였다.

영조는 당쟁에 의해 겨우 목숨을 부지하다가 왕이 되어 당쟁 타파에 많은 노력을 기울였다. 당시 아들인 사도세자는 부왕을

명당(혈)

▲ 원릉. 조선 21대 영조(재위:1724년~1776년. 83세로 승하함)와 계비 정순왕후의 능. 곡장 바로 뒤가 명당(혈)이다.

보좌에 오르게 한 집권당인 노론과 영조의 계비 정순왕후 김씨와 서로 반목 관계에 있었다. 만약 영민한 사도세자가 보위에 오르면 현재의 집권당인 노론과 정순왕후 김씨가 어려움에 처하는 것은 불 보듯 뻔한 일이었다. 이로 인해 사도세자를 무고한 적이 한두 번이 아니었다.

  결국 계비 정순황후의 아버지 김한구 등이 사주한 사도세자의 비행 10조목이 영조에게 상소된다. 격분한 영조는 세자를 죽이기로 결심해 휘령전으로 불러 자결하라고 명하였으나 부왕의 명을 거부하자 뒤주에 가둬 8일 만에 굶겨 죽였다.

영조는 중전인 정성왕후 서씨가 승하하자 경기도 고양시에 있는 서오릉 지역에 명당길지를 택지케하여 우측에 자신의 신후지지(身後之地)인 홍릉을 잡아놓았다. 영조는 세손을 10세 때 죽은 효장세자의 양자로 입적하여 왕위를 계승하게 하였다. 하지만 이를 인정하느냐 인정치 않느냐의 차이는 극과 극이었다.

일단 왕위에 즉위한 직후 정조는 영조의 신후지지로 잡았던 서오릉의 정성왕후 옆으로 안장처를 결정하였다. 그런데 며칠 후 영조 자신이 원했고 정조 역시 어명으로 교시했던 홍릉에 대해 신구 권신들 간에 풍수 논쟁이 일기 시작했다. 서오릉의 홍릉을 주장하던 권신들은 즉시 파직되고 사도세자의 죽음과 관련된 자들은 삭탈관직 되었으며, 그의 가족들은 멸문화됐다. 권신들은 정조의 왕심이 무엇인지 파악하고 할아버지인 영조의 폄하에 초점을 두었다.

숙종의 후궁이며 영조의 어머니인 숙빈최씨의 무덤인 소령원과 동구릉 내의 건원릉(태조 이성계) 옆의 효종대왕의 천장지(여주

세종대왕의 영릉 옆으로 이장)가 안장지로 천거되었다. 사대부는 물론 일반 민가에서도 감히 생각해 낼 수 없는 무시무시한 복수극인 것이다.

자신의 어머니 무덤을 파헤치고 아들인 영조가 그 자리에 들어 가야 하는 아주 비극적이고 비인륜적인 일들을 당시의 권신들은 최고의 왕심을 헤아리는 것으로 판단하여 장지로 천거한 것이 다. 하지만 도덕적으로 너무나 지나쳤다고 생각해서인지 아니면 권신들의 선산(先山)이 있어 피해를 막기 위해서인 택지로 선정되 지 않았고 대신 효종대왕의 천장지가 택지로 선정되었다.

선대 선왕의 천장지를 다시 택지로 선정하여 자신의 조부이자 선왕이기도 한 영조를 정비 정성왕후 서씨 곁에 잠들지 못하게 하고 현재의 원릉 자리에서 영면하지 않을 수 없게 만든 것이다. 혹자들은 계비 정순왕후의 질투에 의해 홍릉의 옆자리에 영면하 지 못하고 지금의 원릉 자리에 계비인 정순왕후 김씨와 함께 잠 들고 있다고 말하기도 한다.

영조가 잠들어 있는 원릉은 정혈되지 못하고 곡장 바로 뒤 50 ㎝가 정혈처로 되어 있어, 합수처에서 힘들게 영면하고 있을 것 으로 본다.

▲ 경릉. 조선 24대 헌종(재위:1834년~1849년, 23세로 승하함)과 효현왕후 김씨 및 계비 효정왕후 홍씨의 능이다. 목릉(선조)의 파묘 자리로 4자 6치 깊이로 안장(왕릉 10자 원칙)했다.

경릉은 24대 헌종과 그의 비 효현왕후 김씨, 계비 효정왕후 홍씨의 능으로 한 언덕에 3연릉으로 만들어졌다.

헌종은 후사 없이 승하해 강화도령으로 유명한 철종이 뒤를 이어 왕으로 즉위하였으나 이름뿐인 왕이었다. 세도가인 안동김씨가 모든 정사를 쥐락펴락하는 시절이 되었다. 왕에 대한 위엄이 있을 수 없는 것은 당연한 것이었고, 목숨만 부지하는 것으로도 다행인 시기였다.

이러한 때여서 선왕에 대한 왕릉 택지 선정은 말뿐이고 당초 목릉(선조)을 천장했던 파묘 자리에 일찌감치 점찍어 놓았던 것이다. 이는 안동김씨의 신하의 도리를 저버린 처사였다.

헌종은 유교를 국시로 내세운 조선에서 하극상인 쿠데타에 의해 선대 선왕인 선조의 천장지에 잠들게 되는 비운의 왕이 된 것이다. 이미 이곳에는 효현왕후 김씨의 경릉이 자리 잡고 있었고, 왕비릉 곁으로 후일에 왕릉이 들어가는 선례도 없었다. 결국 군신의 의를 저버린 안동김씨 척신들에 의해 강제로 쌍릉 형태로 영면하게 되었다.

왕릉은 천광 시 10자의 깊이는 파야 하나 이곳 경릉은 4자 6치로 일반 민초의 무덤 깊이와 같다. 55년 후 계비 효정왕후도 이곳에 함께 묻히게 되는데 조선 최초의 3연릉이 된 것이다. 경릉은 정비 효현왕후 김씨 릉 뒤 3.5m, 오른쪽으로 80㎝ 지점이 정혈처이며, 경릉 자체는 합수처에 해당된다.

수릉은 추존 문조와 그의 비 신정왕후 조씨의 능으로 그의 아들이 24대 헌종에 즉위되어 문조로 추존되었다. 당초 의릉(20대 경종) 옆에 모셔졌으나, 헌종 12년(1846년)에 양주 용마봉 아래로 옮겼다가 철종 6년(1855년)에 동구릉 지역으로 옮겨오게 되었다.

▲ 수릉. 추존 문조와 그의 비 신정왕후 조씨의 능이다. 양주 용마봉에서 철종 6년(1855년) 동구릉의 현재의 자리로 옮겨왔다. 24대 헌종이 후사가 없는 관계로 명당(혈)에서 영면하고 있다.

▼ 혜릉. 20대 경종의 정비 단의왕후 심씨의 능.

후사가 끊긴 관계로 왕권과 무관하므로 명당(혈)에 천장되어 영면하고 있다.

혜릉은 20대 경종의 정비 단의왕후 심씨의 능이다. 후사 없이 33세로 경종이 세자로 있을 때 사망하여 추후 추존되었다. 과룡처에 해당되며 정자각 아래 우측에 명당(혈)이 있다.

이처럼 동구릉은 조선 왕릉들 중에서 가장 좋은 명당길지로 알려졌으나 실제는 건원릉과 왕권과 무관한 휘릉, 수릉을 제외하고는 신권에 의해 일반 민초들보다 못한 곳에 선정된 것에 불과하다(『왕릉풍수와 조선의 역사』, 장영훈 著, p73, 76, 187, 213, 246~248, 293 참고).

경복궁을 복원하였다면 한일합방은 발생하지 않았을까?

왜 임진왜란 후 소실된 궁궐 중 정궁인 경복궁을 제외하고 이궁인 창덕궁을 복원했을까?

조선시대의 역사를 보면 왕권과 신권의 싸움이 구석구석에 내재해 있음을 알 수 있다. 또한 왕권이 강화될수록 신하들은 절대적인 왕권에 자신들의 운명을 맡기기 싫어 왕권을 견제할 수 있는 명분을 만들기에 급급했던 것 같다.

나라의 운명이 풍전등화 같은 상황에 놓여도 나라의 운명보다 자신들의 가문과 안위만 걱정했던 것이 당시 사대부들이었다. 소실된 궁궐의 복원 문제를 논의하였을 때도 경복궁의 터가 좋지 않다는 이유로 창덕궁의 복원을 주장하였다고 하지만, 경복궁의 터가 정말 좋지 않아서 그랬던 것일까?

▲ 경복궁과 창덕궁의 지형도 (출처 : 포털 구글 지도)

　역성혁명으로 조선을 세운 이성계는 고려의 수도 개성에서 한
양으로 도읍을 옮겨 신도경영에 착수하는 동시에 궁궐의 조성에
착수하였다. 1394년 9월 착공하여 1년 만인 1395년 9월에 북악산
을 주산으로 삼고 임좌병향(壬坐丙向)으로 터를 잡아, 『시경』의
'군자만년 개이경복(君子萬年 介爾景福)' 이란 글귀에서 이름을 따서
경복궁이라 하였다.

　조선이 새 왕조를 창업하는 과정에서 궁궐 창건은 시대적인 사
명이었다. 처음 태조는 고려시대 남경의 이궁 터를 마음에 두고
있었으나 새로운 왕조의 뻗어나는 기세를 수용하기는 너무나 좁

은 터전이라 여기고 새 왕조에 걸맞는 터를 물색한 것이 지금의
경복궁 자리인 것이다.

경복궁 터는 '경복궁 명당(혈)도' 에서 알 수 있듯 5개의 연주혈
에 자리 잡은 천하의 명당 터라 하여도 과언이 아니다.

경복궁의 혈도에서 보듯이 근정전과 사정전 거리가 44.5m, 사
정전과 강녕전 거리가 36.2m, 강녕전과 교태전 거리가 31.9m이

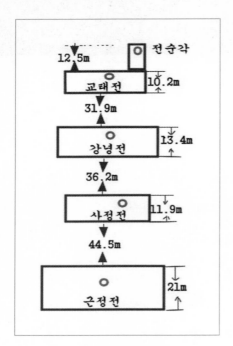

며, 교태전과 산방인 건순각
의 배치 형태를 명당(혈)에
맞게 배치하기 위하여 위치
를 각각 다르게 건축하였다.

그러나 왕권 다툼으로 인
한 왕자들 간의 골육상쟁으
로 수많은 인명을 살해하고,
부왕의 미움까지 사면서 왕
위에 오른 태종의 입장에서
경복궁은 당연히 기피의 대
상이 될 수밖에 없었고 태종
은 이복동생들과 정도전 등

▲ 경복궁 명당도

▲ 경복궁의 용맥 흐름 및 전각 배치 현황 (출처 : 포털 구글 지도)

▼ 창덕궁의 용맥 흐름 및 전각 배치 현황 (출처 : 포털 구글 지도)

신하들의 원혼이 서려 있는 경복궁을 피해 다소 떨어진 곳에 창덕궁을 건립하도록 한 것이다.

창덕궁은 경복궁을 보호하는 청룡 자락에 불과하다. 주변이 협소하고 골짜기에 해당하는 곳에 전각들이 안치되어 있다. 특히 왕이 일상적으로 신하들과 정치를 논하던 선정전의 경우 물길 위에 지어져 있다고 볼 수 있다.

중전이 거처하는 내조의 중심 건물인 대조전과 희정당도 그리 좋은 터는 아니다. 이곳은 임란, 광해군, 인조, 순조, 일제 때 소실되어 복원을 수없이 했다.

특히 일제강점기 때 일본인도 경복궁 터가 명당(혈)자리여서 일본의 조선 침략에 부담이 된다는 사실을 알았다. 그래서 창덕궁의 대조전이나 희정당 터는 골짜기에 있어 이곳에 왕실이 있는 것이 일본의 야욕을 실현시키기에 용이하다고 판단해 화재로 소실된 '대조전'에 경복궁의 '교태전'을 헐어 재건하고, '희정당'은 경복궁의 '강녕전'을 뜯어 재건하였다.

조선왕조 27왕 중 임진왜란을 전후하여 경복궁에 거주하였던 왕과 창덕궁에 거주하였던 왕과의 자녀수를 비교해 보면 재미있는 점을 발견할 수 있다. 태조, 정종, 태종은 경복궁에서 자녀를

소계	왕명	부인	자(남)	자(녀)	계
1	태조	3	8	5	13
2	정종	8	15	8	23
3	태종	12	12	17	29
소계		23	35	30	65
4	세종	6	18	4	22
5	문종	3	1	2	3
6	단종	1			
7	세조	2	4	1	5
8	예종	2	2	1	3
9	성종	12	16	12	28
10	연산군	2	4	2	6
11	중종	10	9	11	20
12	인종	2			
13	명종	1	1		1
14	선조	8	14	11	25
15	광해군	2	1	1	2
소계		42	70	45	115
16	인조	3	6	1	7
17	효종	2	1	7	8
18	현종	1	1	3	4
19	숙종	6	3	6	9
20	경종	2			
21	영조	6	2	7	9
22	정조	4	2	1	3
23	순조	2	1	5	6
24	헌종	3		1	1
25	철종	8		1	1
26	고종	7	6	1	7
27	순종	3			
소계		46	22	33	55
총계		111	127	108	235

임진왜란 전 - 경복궁 거주 12왕 자녀수 - 남 : 70명, 여 : 45명, 계 : 115명
임진왜란 후 - 창덕궁 거주 12왕 자녀수 - 남 : 22명, 여 : 33명, 계 : 55명

(참고문헌 : 조선왕조실록)

생산하지 않았으므로 제외하고, 경복궁에 거주한 세종에서 광해군까지 12왕의 경우 자녀수는 115명으로 남자 70명, 여자 45명으로 남녀성비가 6:4로 나타난다. 반면 창덕궁에 거주한 인조에서 순종까지 12왕의 경우는 자녀수가 55명으로 남자 22명, 여자 33명이며 남녀성비가 4:6이다. 후손이 있어 왕실이 튼튼한 것이 국가가 강성하다는 것을 의미한다고 볼 때 자녀수의 차이는 큰 차이임을 알 수 있다. 또한 이는 왕의 건강 상태의 차이를 말해주는 것으로도 판단할 수 있다.

혹자들은 경복궁의 청룡이 허약하여 왕실이 튼튼하지 못하다고 하나 결코 경복궁의 청룡은 허약하지 않다. 경복궁의 청룡자락이 창덕궁과 창경원, 종묘로 내려가는 능선임을 알 수 있을 것이다. 조선후기 왕들이 거주한 곳은 경복궁이 아닌 창덕궁이며, 인정전을 제외한 대부분의 전각이 골짜기에 해당하는 물길 위에 있다.

명당인 경복궁과 그렇지 못한 창덕궁에서의 생활상을 견주어 보면 부부지간의 금실 문제라든가 건강 상태, 활동 상황 등에서도 극명한 차이를 볼 수 있다.

임진왜란 후 조선 후반기에 들어 왕권이 약해지고 중전에 기반을 둔 외척에 의해 나라의 운명이 좌지우지되었으며, 이들은 나라보다 자신과 자신의 가문의 부귀영달에만 힘썼다. 이럴 즈음 고종의 아버지 흥선대원군이 왕권 회복을 위해 무리하게 경복궁을 복원하는 등 갖은 노력을 기울였으나 기울어가는 조선왕조를 떠받들기에는 역부족이었다.

그러다 보니 시대의 흐름을 재대로 읽을 수 없어 외세의 영향에 의해 자신의 국가도 지키지 못했고, 종국에는 일제에게 나라를 빼앗겨야 하는 치욕적인 역사를 후손에게 물려주었다고 할 수 있다.

한반도는 단군왕검이 나라를 창시한 이래 흥망성쇠를 거듭하며 이어져 왔다. 그 많은 왕조의 부침(浮沈) 속에서 현재를 살고 있는 우리에게 씻을 수 없는 치욕의 역사가 있으니 바로 경술국치(한일합방)다.

조선말 안동김씨의 60년 세도 통치하에서 겨우 살아남은 대원군 이하응은 수없이 받은 수모를 절치부심하면서 자식을 권좌(왕)에 앉히기 위해 풍수적으로 명당(혈)인 곳에 부친 남연군을 이장하고 때를 기다렸다.

그러나 어린 아들 고종이 왕이 되어 권력을 잡을 때는 이미 외세의 열강에 의한 문호개방의 압력이 거셌을 때였다. 외세의 문물을 받아들일 준비가 안 됐던 대원군은 오직 자신이 지난날에

▲ 홍릉, 유릉의 용맥 흐름 및 위치 (출처 : 포털 다음 지도)

받았던 수모를 갚는 데 모든 국력을 소모했다. 자신뿐만 아니라 백성을 지켜나갈 힘을 다 써버려 결국 외세의 힘을 빌리다 보니 대원군 자신이 청나라에 잡혀가고, 황제(고종)는 러시아 공관에 피신하게 되며, 며느리인 명성황후 민씨는 일본 낭인의 칼에 무참하게 살해되기에 이른다.

이토록 참혹하게 죽임을 당한 명성황후는 유해(시신)도 없이 옷과 이불만으로 동구릉 내 현종왕릉(18대) 우측 능선에 능을 조성하였다가(처음 '숙릉'이라고 함) 2년 후 서울시 동대문구 청량리동 208번지로 천장하였다('홍릉'이라고 함).

이후 고종황제가 갑자기 독살되어 현재의 홍릉에 묻히게 되는데 잔혹한 일제가 고종황제의 능호를 사용하지 못하게 하여 고육

골짜기- 바람길

좌측능선(청룡)

홍릉

우측능선(백

홍릉 — 유릉 쪽으로 용맥 지나감

▲ 홍릉. 외형상은 중국의 명태조 주원장의 효릉 본떴다고 하나 실제는 명당(혈)이 아니고 바람을 타는 곳이다.

지책으로 명성황후를 먼저 천장하여 '홍릉'이라는 능호를 사용하게 한 후, 고종황제의 국장을 치르면서 같은 능호인 '홍릉'을 사용했다.

또한 순종황제의 황후인 순명황후가 먼저 승하하여 서울시 광진구 어린이대공원에 있었으나, 순종황제가 승하하자 현재의 유릉인 경기도 남양주시 금곡동에 순명황후를 먼저 천장하고 며칠 후에 합장하는 형식을 취하여 같은 능호를 사용하게 되었다.

한북정맥의 한 자락으로 운악산(935.5m), 주금산(814m), 철마산

이 부분만큼 전지역 복토 추정

2010년 봄
바람에 의해 쓰려져
현재 뿌리만 남아 있음

능 조성당시 지반으로 추정

▲ 홍릉 조성전의 지형(2010년 봄, 강한 바람에 의해 옛 지형을 알려주던 고목도 쓰려져 자취를 감추고 뿌리만 남아 있음)

(711m), 천마산(812m), 백봉산(590m)을 거쳐 수리봉에서 분맥(分脈)하여 내려오는 능선이 좌우로 갈라지는 사이에 있는 작은 지각에 해당되는 곳에 홍릉이 있고, 홍릉의 왼쪽 능선을 따라 아래로 내려오는 능선 중간 부분에 유릉이 있다.

홍릉을 풍수적인 면에서 보면, 산이 기봉하여 내려가는 작은 지각에 해당되어 일반적으로 보기에는 능 앞에 일자각(日字閣)이 있어 명당(혈) 같이 보이나, 이곳은 청룡과 백호가 감싸주지 못하고 앞으로 쭉 뻗어 있어 골짜기에 해당되며, 바람의 통로가 되어

▲ 유릉 전경

명당(혈)이 결지할 수 없는 곳이다.

　현재 외관상으로는 주변 지역을 보기 좋게 조경하고 많은 양의 흙으로 덮어놓아 처음 능이 조성되었을 당시의 모습을 알아보기 힘들다. 그러나 일자각 앞의 우측에 죽은 고목 주위로 웅덩이처럼 석축으로 빙 둘러 5단(약 1.2m 정도)을 쌓은 것을 보면 이곳의 본래의 지형을 유추해 볼 수 있을 것이다.

　또한 유릉은 용맥이 지나는 과룡처에 해당된다. 과룡지장(過龍之葬)은 3대 안에 대가 끊어진다는 곳으로 일반인들도 이런 곳에

▲ 조선 왕실의 뿌리(대)를 없애려고 과룡처에 유릉 안장(결국 조선 왕실은 대가 끊어지고 말았다.

는 절대로 무덤을 조성하지 않는다.

　그런데 일제는 일반 백성들도 금기시하는 곳에 왕릉을 조성해 놓고, 외관상으로는 명나라 주원장 효릉의 능원을 본떠 황제의 능침처럼 일자각에 수많은 석상들이 황제를 도열하는 형식으로 만들어 놓았다. 속으로는 조선 민족의 정신적 지주인 왕족의 대를 끊어 영원히 일제의 속국으로 전략시키려는 야욕을 품고 있었던 것이다. 결국은 일제가 바라던 대로 조선의 왕족은 대가 끊어지고 말았다.

제3장
중국 역사 속에서 보는 풍수지리

진시황제 영정(BC 259년~BC 210년)은 진의 31대 왕이며, 중국 최초의 황제이다. 일반적으로 진시황제 하면 만리장성, 아방궁, 진시황릉과 분서갱유 등을 떠올리며 중국 역대 황제 중에서 매우 포악한 황제로 평가하지만, 그가 중국 역사에 남긴 업적을 보면 최고의 황제였다고 해도 과언이 아닐 것이다.

분열되었던 중국을 최초로 하나의 통일된 국가로 만들었고, 군현제도의 정비로 강력한 중앙집권적 전제정권을 만들어 그 후 왕조들의 통치에 대한 기본 틀을 형성하였으니 말이다. 또한 도량형, 화폐, 문자를 통일하여 국민 경제와 국민의 편의에도 크게 이바지하였다.

춘추전국시대 말 대상이었던 여불위가 어느 풍수지관의 말에 따라 자신의 부친의 묘소를 천자지지(天子之地) 대 명당에 옮기고, 조나라 수도 한단에 인질로 와 있던 진나라 서출 출신인 왕손 자초와 교분을 쌓아 자초를 후에 왕으로 만들려는 계획을 세운다.

자초는 여불위의 애첩 조희에게 반해 조희를 자신에게 달라고 간청하고, 조희는 임신한 사실을 숨긴 채 왕손 자초에게 재가한 후 8개월 만에 사내아이를 낳는다. 이 사내아이가 바로 진시황 영정이다. 사마천의 『사기』에는 '여불위의 친자식이라고 기록된 태자 영정이 왕위에 올랐다.' 라고 기록되어 있다.

진시황은 중국을 통일하고 황제라는 칭호를 처음 만들어냈다. 황제는 삼황과 오제의 덕을 한몸에 갖추고 있다는 뜻으로 '첫 번째 황제' 라는 의미로 '시황제' 라 칭하게 되었다.

진시황의 함양궁 건설은 '법천상지(法天象地)' 의 사상에 의해 면밀히 계획되었다. 이 말은 천체의 별자리를 그대로 땅 위에 옮긴다는 뜻이다.

『삼보황도』라는 책에는 '함양에는 북쪽 언덕에 궁전을 짓고 단문이 네 방향으로 나아가도록 해서 자궁에 황제가 거주하는 것을 본떴고, 위수가 수도를 관통하는 것은 천한, 즉 은하수를 본떴으며, 횡교로 남쪽으로 건너는 것은 견우가 은하수를 건너는 것을 본떴다.' 고 기록되어 있다.

이곳에서 자궁은 자미원을 가리키는 것으로 제왕이 거처하는 궁궐을 의미하며, 북극성 주위를 에워싸고 있는 별들로써 그 중심에 북극성이 위치해 있는데 함양궁과 극묘가 여기에 해당된다.

그리고 위수 남쪽에 있는 아방궁은 영실에 해당되는 것으로 함양궁과 아방궁을 연결하는 복도는 하늘의 각도성에 대응시켰으며, 함양 주변에 퍼져 있는 궁궐들은 마치 자미원의 별들처럼 도성을 둘러싸며 지키고 있다.

이처럼 진시황제는 지상에서는 삼황, 오제의 덕을 겸비한 황제로 그리고 하늘의 기운을 한몸에 받는 천제로서 함양궁과 아방궁에서 불로장생을 구비하여 영생할 수 있기를 갈망했다.

그러나 이처럼 삶에 애착을 가지고 영생하기를 원했던 진시황제에게도 죽음이라는 자연의 이치가 찾아오게 된다. 아들과 딸을 잃을 만큼 힘들었던 순행으로 자신도 병을 얻는데, 회복의 기미가 보이지 않자 천명이 다했음을 알고, 환관 조고에게 "옥새를 장자인 부소에게 전달하고, 함양에서 자신의 장례를 주관하라." 고 유언장을 쓰게 하였다.

▲ (좌) 중국 서안 진시황릉 전경(정면) (우) 중국 서안 진시황릉 전경(좌측면)

진시황은 13세에 즉위하면서부터 자신의 수릉을 조성하기 시작했다. 진시황이 재위 즉위부터 사망 시점까지 황제 능을 조성할 수 있었던 것은 사실상 친부인 승상 여불위의 계획 덕분이라 볼 수 있다. 여불위는 자신의 꿈을 자식인 황제에게 대리만족하게 하였던 것이다. 만약 어린 왕이 친자식이 아니었다면 상당히 견제하여 왕권을 축소시켰을 것이라 볼 수 있다.

진시황의 여산릉은 높이가 116m, 동서 350m, 남북 355m, 둘레 1,410m로 거대한 피라미드 형태이며, 상단부는 정사각형에 가까운 평지로 되어 있다. 현재 높이는 51.7m로 처음의 절반 정도밖에 되지 않으며 석류나무가 심어져 있어 과수원으로 보이기도 한다. 이러한 능 내부에 대해서 『진시황본기』는 다음과 같이 기술하고 있다.

　'진시황은 즉위하면서 여산릉을 만드는 공사를 시작했다. 천
하를 통일한 후에는 천하의 죄수 70여 만 명이 이곳에 보내졌
다. 지하수를 세 번 지날 만큼 깊이 파서, 구리 녹인 물을 붓고
곽을 안치했다. 죄수들이 궁관, 백관, 기기, 진괴를 옮겨 가득 채
웠다. 장인에게 자동 발사되는 쇠뇌를 만들게 해 능을 도굴해서
가까이 접근하는 자가 있으면 발사되게 하였다. 수은으로 하천
과 강, 바다를 만들고 기계 장치를 통해 수은이 서로 흐르게 했
다. 위에는 별자리를 만들고, 아래에는 지리를 갖추어 놓았다.
인어의 기름으로 촛불을 만들어 오래도록 꺼지지 않게 하였다.
이세황제는 선제의 후궁 가운데 아들이 없는 자는 궁에서 내보
내는 것이 옳지 않다고 해 모두 순장하게 하여 죽은 자가 많았
다.

　(중략) 대사가 끝난 후 부장품을 모두 매장하자 가운데 묘도
를 폐쇄하고, 바깥 묘도의 문도 내려서 부장품을 묻은 장인들이
바깥으로 나온 자가 없었다.'

진시황릉은 초패왕 항우와 후조의 석호, 당나라 말기 황소가

용맥

명당(혈)

이 곳을 파 내려가면
진시황의 능침임

오좌자향(북향)

▲ 중국 서안 진시황릉 봉분의 정상 부분

도굴하였다고 하며, 초패왕 항우의 경우 30만 명이 30일 동안 재물을 옮겼으나 모두 옮기지 못했다고 한다. 하지만 중국 정부가 오랜 세월 동안 진시황릉에 대해 최신 과학 장비를 동원하여 지면탐사를 하고 능원 주위를 시추한 결과 아직까지 도굴의 흔적은 발견되지 않았다.

또한 『사기』의 『진시황본기』에 기술된 내용이 일치한다는 사실도 파악했다. 중국 정부는 발굴시 유물을 훼손하지 않을 방법이 모색될 때까지 발굴을 미룰 것이라고 한다.

진시황릉은 서안시 남쪽을 빙 둘러 휘감은 진령산맥으로 이어지는 종남산(2604m)을 태조산으로 하고, 여산을 주산으로 한 하나의 맥이 작은 능선으로 끌고 내려와 능침의 중심부에 명당(혈)을 만든 것이다.

사각형의 능 정상부의 지하능침의 모형도, 우측 바로 옆에 명당(혈)이 만들어졌는데 사진에 '관곽'이라 명시된 글자 밑으로 수직으로 파고 들어가면 진시황의 지하궁전 중심부로 진시황이 이곳에서 영면하고 있을 것으로 본다.

대부분 학계에서는 병마용갱(兵馬俑坑)의 방향이 동쪽으로 향하고 있어 진시황의 관곽이 동향을 하였을 것으로 생각하고 있으나 산맥이 내려오는 방향과 위치 등으로 보아 북향으로 영면했다고 보는 것이 이치상으로 맞다고 본다(동향을 하려면 90도 각도로 방향을 틀어야 함).

황제의 능은 대부분 남쪽을 바라보는 것으로 되어 있으나 시황능은 오좌자향(남쪽에서 북쪽을 향함)으로 되어 있고 남쪽인 여산(주산)에서 내려오는 능선의 우측 골짜기의 물이 주 능선(맥이 들어오는 능선)을 넘지 못하도록 진시황릉 동남쪽으로 길이 3,500m, 높이 2~8m의 물막이 제방둑을 쌓았다(오령이라고 한다).

여산

남쪽

오령지

용맥

길이 : 동남쪽 3,500m
넓이 : 40m
높이 : 2~8m

북쪽

▲ 중국 서안 진시황릉의 주산과 용맥 흐름 및 오령지

▼ 중국 서안 진시황릉의 병마용갱

▲ 중국 서안 진시황릉의 물막이(제방) 오령유지

　진릉 오른쪽에서 나온 물은 진시황릉을 완전히 감싸고 돌아 위수와 만나 앞으로 흘러간다. 말 그대로 천하의 대 명당(혈)에서 영면하고 있다.

　여불위가 승상으로 있으면서 자신의 혈육이 영원토록 중국 대륙을 통치하기를 염원하였을 것이다. 그러나 여불위 자신도 자신의 친자인 진시황제에게 죽임을 당하였으며, 진시황제는 통일 대업을 이룩한 지 15년 만에 거대제국이 망하리라고는 생각하지 못하였을 것이다.

그러나 진시황제와 친부인 여불위의 염원은 개인에게는 짧았지만 중국인들에게는 끝없이 이어지고 있다. 진시황릉이 천하의 대 명당(혈)에 있다 보니 후세에 사는 세계인들에게 많은 관광자원을 제공하여 주는 것은 물론 중국 정부에는 끝없는 자원보고를 제공해 주고 있는 것이다.

공자는 풍수지리의 대가였다

공자는 BC 551년 노나라 곡부(曲阜) 동남쪽에 있는 추읍의 궐리(闕里)에서 숙량흘(64세)과 안정재(20세) 사이에 태어났다. 태어날 때 니구산 같이 정수리 부분이 요(凹) 자 모양으로 움푹 패어 있어 이름을 구(丘), 자를 중니(仲尼)라고 지었다고 한다. 공자의 부친은 원래 시씨와의 사이에 딸 9명을 두었고, 훗날 첩을 들여 아들을 두었는데 불행히도 절름발이어서 다시 안씨 집안의 셋째 딸을 맞아 공자를 낳은 것이다.

공자의 어린 시절은 불행했다. 세 살 때 아버지가 돌아가시고, 열다섯 살에 어머니마저 돌아가셨다. 그래서 공자는 "어렸을 때는 천해서 비천한 일을 많이 했다."고 한다. 이런 불우한 환경 때문에 공부할 기회를 얻지 못했고, 열다섯 살이 되어 겨우 학문에 뜻을 두게 되었다.

성인이 된 공자의 삶 역시 그리 순탄한 것은 아니었다. 관료가 되어 자신의 정치 이상을 펼쳐 보려고 하였으나, 뜻대로 되지 않아 55세에서 68세까지 장장 13년이란 세월 동안 제자들을 데리고 여러 나라를 유랑했다.

가는 나라마다 그의 정치 이상은 철저히 외면당했다. 유랑 중 식량이 떨어져 굶주린 것은 물론 죽을 고비도 여러 번 넘겼으며, 이 와중에 부인이 죽었다. 말년에는 그의 외아들인 공리가 죽었으며, 그가 가장 사랑하는 제자 안회도 죽었고, 40년 동안 동고동락해 온 제자 자로 역시 위나라 정변으로 죽었다.

현실정치에서 자신의 정치 이상을 실현하지 못한 공자의 일생은 불행했다고 할 수 있다. 그러나 공자 자신도 사후에 자신의 생각이 중국 대륙뿐만 아니라 동아시아 지역을 지배하는 사상이 될 것이라고는 꿈에도 생각하지 못했을 것이다.

공자는 73세가 되자 자신의 죽음을 예감했다고 한다. 그는 묘지의 풍수가 후손의 미래와 직접 관련이 있다고 생각하고 자신의 묘 자리를 찾기 위해 직접 돌아다녔고, 결국 곡부성 북쪽 사수 근처의 18경의 토지로 결정했다. 공자의 제자 자로는 "이곳의 풍수는 좋으나 앞에 강이 없습니다."라고 하였는데, 공자는 "바쁠 것이 없다. 후대의 한 사람이 강을 파줄 것이다."라면서 이곳을 묘역으로 삼았다고 한다.

공자가 사망(BC 479년)한 지 270년이 지난 후 진시황이 분서갱유를 일으켰다. 진시황에게 누군가 "유학을 쇠퇴시키려면 먼저 공자 무덤의 풍수를 파괴해야 합니다. 공림에는 강이 없으므로 만약 공자 묘 앞에 강을 판다면 그의 고향인 퀄리의 옛집과 단절될 것이고, 공자는 성인이 되지 못할 것입니다."라고 이야기했다. 그래서 진시황은 사람을 파견해서 공자 무덤 남쪽에 수수를 팠다고 한다. 공자의 예언대로 진시황은 공자 묘에 마지막으로 풍수 공사를 한 것이다(『스물 날 동안의 황토기행』, 임중혁 저 참고).

이후 2,500여 년이라는 세월이 흐르면서 수많은 제국들이 흥망성쇠를 거듭하였으나, 공자의 후손들은 현재까지 81대에 이른 후손의 발복과 광영을 지속시켜 오고 있다.

또한 공림에는 그의 후손의 무덤으로 10만 기 이상이 공자 묘 주위에 묻혀있다. 그리고 현재 공자의 후손들은 중국 대륙 거주자 250만 명을 비롯하여 전 세계에 300만 명 이상이 되는 것으로 추정된다.

▲ 위 (좌) 공자의 기본 사상 (우) 중국 산동성 곡부에 있는 공자의 공묘, 공림, 공부

아래 (좌) 공자 묘(BC 551년~BC 479년 사망). (우) 공림으로 가는 길

▲ 공묘의 대성전. 공묘에 있는 모든 전각들은 풍수상 명당(혈)에 배치하고 있다. 중국 3대 건축물 중 하나이며 각 기둥에 용이 휘감고 있어 황제와 버금감을 알 수 있다.

　공자가 풍수지리에 일가견이 있었기에 자신의 선영을 풍수지리상 혈 자리에 잡을 수 있었고, 그로 인해 후손들이 영화를 누리며 살아가고 있는 것이다.

　중국 정부는 이곳을 세계문화유산으로 등록하여 세계적인 관광지로 발돋움시켰다. 뿐만 아니라 자신들의 위상을 세계에 알리며 문화 국민임을 과시하고 있다. 풍수지리의 대가였던 공자는 자신의 후손뿐만 아니라 국가의 번영에도 길이 이바지하고 있는 것이다.

중국 역사에서 가장 찬란한 문화와 안정된 국가 기반을 닦았던 황제로 추앙받고 있는 당태종 이세민은 북방 민족의 피가 섞인 무인 귀족 집안에서 태어났다.

천성이 총명하고 사려가 깊으며, 무술과 병법에 조예가 깊고, 결단력과 포용력을 함께 갖추었다. 또한 많은 사람들로부터 두터운 신망을 받았다.

수양제의 폭정으로 정국이 혼란에 빠지자, 태원에서 아버지 이연을 설득해 군사를 일으켜, 장안을 점령하고 당나라를 개국하였다(618년). 그 후 각 지역의 군웅들과 7여 년 동안의 수많은 싸움 끝에 천하를 통일할 수 있었다.

이 과정에서 이세민의 공로가 크다 보니 형제지간에 암투가 벌

▲ 중국 섬서성 예천현에 있는 구종산(1,180m)의 전경

어져 급기야는 장안성의 북문인 '현무문의 비극'이 발생하였다. 이세민은 태자 건성과 동생 원길을 주살하고 정권을 잡게 되었다. 이때 고조인 이연은 신변의 위협을 느꼈다고 한다.

　이렇듯 당태종 이세민은 형제간의 골육상쟁으로 권좌를 탈취했다. 권력 탈취 행위는 도덕적인 관점에서는 정의될 수 없으나, 역사는 도덕적 원칙에 의해 발전하는 것이 아니므로, 도덕적 평가는 그리 중요한 의미를 갖지 않는다고 본다.

　이세민의 소릉의 위치는 섬서성 예천현 동북쪽 22.5km에 있는 구종산(1,180m)에 위치해 있다.

　구종산 지역은 평야지대에서 완만한 경사로 오르막을 형성하다 소릉 박물관의 11km 지점부터 굽이굽이 돌아가며 가파르다가

▲ (좌) 중국 서안 구릉지에 있는 당 고조 이연의 헌릉 (우) 한나라 고조 유방의 능

정상 부근에서는 완만한 구릉지대를 형성하고 있다.

주위에서 보면 우뚝 솟아 있지만 구종산(1,180m)의 소릉이 위치한 곳에서는 도저히 높다는 느낌을 주지 않는 전형적인 산성의 형태를 갖추고 있다.

당나라 이전의 무덤들은 대부분 평지에 흙을 쌓아 산 같은 형태로 만들어져 있어 하늘에서 보면 마치 피라미드 같다. 진대의 진시황제 능, 한나라 유방의 장릉과 아버지 태상왕릉(복두형), 아들 혜제 안릉, 한무제 양릉 등을 보면 평원에 우뚝 솟은 산처럼 보인다.

그러나 당 고조 이연 헌릉의 경우는 평지에서 융기된 구릉에 능을 조성하였다. 완전히 산으로 갔다고는 할 수 없지만 당태종

▲ 중국 구종산에 있는 당 소릉 능원 조성전 모습(1차 답사). 철조망으로 쳐진 부분이 당 소릉 능역이다.

때에 와서는 그 당시로는 거의 올라가기 힘들 정도의 높은 산에 능을 조성해 후대의 황제들은 이를 본받아 비슷한 지형에 능을 조성하게 된다.

소릉은 구종산의 정상부에서 뻗은 맥이 분맥하여 오던 중 그 맥의 가운데서 다시 한 맥이 뻗어 나와 명당(혈)을 만들었다. 소릉은 좌측 능선과 우측 능선이 명당(혈)까지 잘 감싸주었고, 안산은 정면에 낮은 구릉 형태로 되어 있으며, 안산 뒤로 계곡이 형성되어 있다.

조산이 겹겹이 감싸고 있음

안산

▲ 중국 구종산에 있는 당 소릉의 전면(능침 앞의 안산과 겹겹이 감싸고 있는 주변의 산들. 말 그대로 천하의 대 명당이라고 할 수 있다)

즉 계곡이 형성되었다는 것은 주변이 물로 감싸 안은 형상이라는 것이다. 계곡 주위를 빙 둘러 산으로 감싸 안은 형상은 이처럼 높은 곳에 어떻게 이와 같은 형상이 만들어졌을까 하는 생각이 들 정도로 풍수지리상 최고의 명당 형국이라 할 수 있다.

소릉의 좌향은 진시황릉의 경우와 마찬가지로 오좌자향(남쪽에서 북쪽 방향으로 봄)으로 하였으며, 명당(혈)은 연주혈 형태로 20여 미터 아래 지점에도 명당(혈)이 있다(옆의 간이매점선상에 위치해 있다).

▲ 중국 구종산에 있는 당 소릉 능원의 조성된 후 모습(2차 답사). 관곽이라 명시된 부분을 파내려 가면 능침이 있을 것으로 추정된다. 중국 정부가 능원을 복원하면서 제단 형식으로 복원한 이유를 알 수 없다. 구종산 정상 부분을 능침으로 생각하고 있는 것은 아닌가 생각된다.

사진에서 '관곽' 이라 명시된 밑을 수직으로 파내려 가면 당태종의 관곽이 놓여 있을 것으로 본다. 이곳에 당태종 이세민이 생전에 가장 아끼던 왕희지의 '난정서' 를 함께 묻어달라고 하였다.

당태종이 평지에 능을 조성하지 아니하고 산에 조성한 이유는 '현무문 사건' 에서 자신이 황위에 오르는 데 결정적인 역할을 한 황후 장손씨의 유언 때문이다.

장손씨는 36세로 세상을 떠나면서 "산에 장례를 치러주되 분

▲ 중국 서안 섬서성 예천현 구종산(1,180m)에 있는 당태종 이세민의 소릉 능원

묘를 만들지 말고, 관곽을 사용하지 말며 필요한 기물은 모두 목와로 만들어 검소하게 장례를 치르라."는 유언을 남긴 것이다.

　태종은 유언에 따라 장례를 치르고 능의 왼편에 비석을 세우고 글을 새겨두었다. '황후 자신이 검소하여 간소하게 매장되기를 바란다는 유언을 남겼고, 진기한 금은보화를 매장하지 않으면 도굴당할 우려도 없으며, 군주는 천하를 집으로 삼는데 보물을 능속에 넣어 자기 소유로 할 필요가 없다. 이제 구종산을 이용해 황후의 능을 만들고 금옥을 넣지 말며 기물은 모두 흙과 나무로 만들라.' 는 내용이었다.

당태종은 비문을 통해 자신의 능에는 보물이 없다고 공개적으로 표명까지 하였으나 도굴꾼들에게는 오히려 많은 금은보화가 이곳에 묻혀 있다고 생각되어 도굴되고 말았다. 실제 도굴꾼들에 따르면 당태종과 장손 황후의 능인 당 소릉을 도굴하였을 당시 대당 '관중 18릉' 중에서 가장 많은 금은보화가 있었다고 한다.

중국 역대 황제들의 무덤 주위에는 황제 생존 시 많은 공적을 쌓았거나 특별히 황제 능 주변에 묻힐 수 있는 영광을 생전에 부여받은 신하들의 무덤이 있다. 이것을 배장묘라 하는데, 역대 황제 중 당태종의 소릉 주변에 가장 많은 배장묘가 있다. 약 200여 개 정도 된다.

위징, 이적 등 당대의 걸출한 인물들이 살아서나 죽어서나 황제인 당태종을 끝까지 모시고 있다.

중국 역사상 유일한 여황제였던 당나라 측천무후와 당고종 이치의 합장능인 건릉에 최소 500톤의 진귀한 보물과 문물이 묻혀 있다고 한다. 이는 당나라 당시 전체 연간 예산의 3분의 2에 해당하는 금액이다. 이렇게 많은 금은보화가 묻혀 있다보니 늘 도굴의 위험에 직면해 있다. 그럼에도 불구하고 당나라 18개의 황제 능 가운데 유일하게 도굴되지 않은 능에 해당된다.

당 건릉 하면 당나라 3대 황제인 고종과 황후인 측천무후의 능을 의미하지만, 일반적으로는 그냥 여황제였던 측천무후의 능으로 알려져 있다.

측천무후는 624년 1월 23일 당의 수도인 장안에서 건국공신 무사학의 둘째 딸로 태어나, 열네 살 때 당태종의 후궁으로 입궁하였다. 4품인 재인으로 태종에게 '미'라는 이름을 받아 '무미랑'이라 불렸다. 649년 태종이 죽자 자식이 없는 후궁들은 비구니 승려가 되어야 하는 황실 법도에 따라 감업사로 출가했다. 그러나 651년 고종(재위 649년~683년)의 후궁으로 다시 입궁하였고, 이듬해 2품인 소의가 되었다.

측천무후는 고종과의 사이에 4남 2녀를 낳았으며, 655년 황후와 소숙비를 잔인한 방법으로 제거하고 황후가 되었다. 황후가 된 측천무후는 고종을 대신해서 정무를 관장하면서 태종 때부터 봉직해 온 장손무기, 저수량 같은 권신들을 몰아내고 신진 세력을 등용시켜 권력을 장악했다. 656년 황태자 이충을 폐위시킨 후 자신의 장남인 이홍을 황태자로 앉히고, 사실상 수렴청정을 통해 중국을 통치한 것이다.

당고종은 측천무후를 무서워했고, 국사를 처리할 때나 정치적인 판단을 할 때에도 열등감을 가졌다. 당고종은 말 그대로 허수아비였으며 모든 권한은 측천무후에게 있었다.

당고종은 자신의 입지를 찾기 위해 많은 노력을 했다. 그리고 최후의 방안으로 자신과 측천무후 사이에 태어난 아들인 이홍에게 황위를 양위하려고 한다. 하지만 측천무후는 자신의 자식인

▲ (좌) 당 고종 건릉 비석 (우) 당 건릉의 웅장한 모습

이홍을 무참히 죽게 한다. 측천무후는 자신의 야망에 방해가 되는 자는 자식이라도 용납하지 않았다. 또한 둘째 아들인 이현(李賢)과 손자들까지 죽게 만든다. 당고종은 두 아들이 죽자 권력에 대한 미련을 버렸고, 측천무후에 대한 증오심으로 화병이 생겨 683년 생을 마감하게 된다.

그 후 측천무후는 태후의 신분으로 셋째 아들인 이현(李顯)을 제4대 황제인 당중종(683년~684년, 705년~710년)에 등극시킨다. 그리고 1년 만에 넷째 아들 이단(李旦)을 제5대 황제인 당예종(684년~690년, 710년~712년)으로 등극하게 하여 섭정을 시작하다가 690년에 드디어 중국 역사상 유일무이한 여황제로 등극하게 된다.

측천무후가 여황제로 등극하면서 국호를 당에서 주로 바꾸고

연호는 천수라 하였으며, 장안에서 낙양으로 천도하였다. 이때 사실상 당제국은 사라졌다고 볼 수 있다.

황제가 된 측천무후는 통치 기간 동안 많은 업적을 남겼지만 통치 기반을 다지기 위한 비밀 공포정치로 반대 세력의 반발을 사게 되었고, 환관 설회의 와남총(남자 첩), 장역지, 장창종 형제의 횡포가 발단이 되어 재상 장간지가 정변을 일으켜 결국 낙양성의 상양궁에 감금된다. 그리고 705년 11월 2일 82세의 일기로 파란만장했던 삶에 비해 초라한 죽음을 맞는다.

측천무후는 자신이 황제라 칭하던 기간 15년과 이미 660년부터 약 30년간 실질적으로 통치한 기간을 합하면 45년간을 최고의 권력자로 군림했다. 이러한 통치자는 중국 역사상 남녀를 통틀어 그리 흔하지 않다. 남성 위주 사회인 중국에서 오랜 기간 최고의 통치자로 군림할 수 있었다는 것은 측천무후만이 가지고 있는 통치 기술 때문이라 할 수 있다.

당 건릉은 683년 당고종이 승하하였을 때 측천무후 자신도 추후 합장할 것을 생각하여 조성하게 한 것이다. 풍수지관들이 잡은 양산 능에 대해 검증을 했는데, 점성술사 이순풍은 당고종과 측천무후의 생년월일과 장소를 자식과 조상들의 그것과 합한 다

황소구

▲ 황소구. 당나라 말기에 황건적이 군자금을 마련키 위하여 40만 대군을 동원하여 양산 정상을 건원릉으로 알고 양산 서쪽 밑 부분을 40m 정도 파들어 갔으나 자연 상태의 암석과 싸우다 결국 실패한다. 자금을 확보치 못하여 결국 황건적은 와해하게 된다.

음, 이십팔수와 십이간지를 오행과 조합한 수로 나누어 계산했다고 한다. 수학적인 계산은 삼 일 밤낮 동안 계속되었고, 그 결과 풍수지관들이 잡은 견해와 일치한 것으로 드러났다. 측천무후는 당 건릉 건립에 많은 노력을 기울였으며, 자신들의 영면을 방해받지 않기 위해 도굴 방지에 많은 힘을 쏟았다. 그리고 그 노력에 힘입어 아직까지 도굴되지 않고 있다.

당 건릉에 많은 금은보화가 들어 있다는 소문으로 공식적인 도굴이 17회 정도 자행되었으나 성과가 없었다. 그중에서도 당나라

말 황소가 반란군 40만을 이끌고 양산의 서쪽에서 깊이 40m의 황소구를 팠으나 방향을 잘못 잡아 실패한 바 있다(건릉 남향구조임).

신오대사의 『온도전』에 의하면, 온도는 관직을 가진 도굴꾼이었는데, 그가 병사를 이끌고 당나라 황제의 능 10여 개를 도굴하여 많은 돈을 벌었다고 한다. 그렇게 모은 돈으로 수만 명을 동원하여 낮에 건릉을 발굴하기 시작했는데, 날씨가 순조롭지 못했고, 광풍과 폭우가 몰아쳐 그만 포기하고 말았다는 것이다.

또한 중화민국 초기에 국민당 장군인 손연중이 양산에 군영을 설치하고 군사 연습을 하는 것처럼 위장하면서 묘도 옆의 세 개 층의 암석을 부수고 들어갔으나 결국 실패했다.

이렇게 대대적인 도굴을 시도하였으나 번번이 실패했는데, 1960년 농민들이 폭약으로 돌을 깨다가 우연히 건릉의 묘도 입구를 깬 적이 있다. 도굴꾼들이 천여 년을 찾아도 찾지 못했던 묘도 입구였다. 그 후 사람들은 묘도 입구 위에 화산유송(측백나무)을 심었는데, 지금은 큰 나무가 되었다.

당고종과 측천무후가 영면하고 있는 건릉의 양산은 외형상으로 보면 험악한 돌산으로 보인다. 그래서 어떻게 이런 곳에 황제의 능을 조성할 수 있었을까 하는 생각이 든다. 풍수지리상으로

양산정상

명당(혈)

묘도구

인작으로 추정되는 부분

▲ 동쪽 입구에서 본 양산의 전경

는 도저히 납득하기 어려운 곳으로 생각되어지기 때문이다.

건릉이 있는 양산의 서쪽은 황소가 도굴을 하는 과정에서 산의 형상이 많이 훼손되었지만 그래도 전체의 형상은 변모되지 않았다. 내백호의 경우 끝에서 약간 밖으로 틀었으나(비주) 외백호가 전체적으로 잘 감싸주고 있는 형국이며, 청룡의 경우 완만한 구릉 형태로 보이지만 잘 감싸 안았다.

그러나 능을 조성할 때 많이 변형되었을 것으로 보인다. 안산은 당고종 비석이 있는 곳에 해당되며, 측천무후의 젖무덤(유방)이라 일컫는 봉긋한 두 앞산은 조산에 해당된다고 볼 수 있다. 당

▲ 양산 정상에서 본 건원릉(앞에 보이는 두 봉우리는 일명 측천무후의 유방이라고도 부른다)

건릉은 청룡, 백호, 안산, 조산이 잘 감싸 안은 명당 형국이다.

　건릉이 있는 양산의 두 번째 봉우리의 형상은 매우 거칠고 험악하여 주변의 지역과 조화되지 않는다. 인공적으로 산을 만들었을 것으로 본다. 건릉이 있는 곳의 대부분 바위에서 인위적으로 뚫은 구멍의 흔적을 볼 수 있으며, 양산으로 올라가는 산책길의 지표상의 흙과 건릉이 있는 산의 돌과는 완연히 다르다는 것을 보여주고 있다.

　건릉으로 들어오는 입구 쪽에서(동쪽) 양산을 바라보면 마치 거

▲ 관곽이라고 표시된 부분을 파내려 가면 건원릉의 지하 궁전이 있을 것으로 추정되며, 600조 원의 가치 이상 되는 금은보화가 500톤 이상 묻혀 있을 것으로 추정된다.

북이가 고개를 땅에 대고 있는 형상을 하고 있다. 건릉은 양산을 주산으로 하여 뻗은 능선이 거북이 목 부분(과협처)에서 85m 지점에 첫 번째 명당(축좌미향:약간 남서향)을 만들고, 그 아래 17.7m 지점에서 두 번째 명당(계좌정향:남향)을 만들며, 그리고도 힘이 넘쳐 31.7m 지점에 세 번째 명당(자좌오향:정남향)을 만들었다.

　건릉이 두 황제의(당고종과 측천무후) 합장능이므로 반드시 두 개 이상의 명당(혈)이 있는 연주혈이 필요하였을 것으로 본다. 이 세 지점의 명당(혈)에 '관곽' 이라 명시된 글자 바로 밑을 파내려 가면 지하 궁전이 나올 것이다.

당 건릉은 도굴 방지를 위해 완벽한 묘도를 버리고 지궁에 도달하기 위해서는 기상천외하게 돌산을 파고 들어가게 만들어져, 당나라 황제의 18개 능 가운데 유일하게 지금까지 도굴되지 않은 것으로 보인다. 덕분에 후손들에게 많은 유물을 남기게 되었다.

지궁을 발굴해 보아야 자세한 것을 알겠지만 현재 추정치로 이곳에 묻힌 금은보화는 500여 톤으로 2008년 한국예산 256조의 2.34배에 해당하는 600조 원의 가치가 된다고 하니 놀라울 따름이다.

명태조 주원장(1327년~1398년)은 빈농 출신으로 기근과 역병으로 조실부모하고 고아가 되어 호구지책으로 승려가 되었다. 탁발승으로 떠돌이 생활을 하다가 곽자흥의 홍건적의 봉기군에 가담하게 된다. 곽자흥은 용감하면서도 지혜로운 주원장의 면모를 알아보고 그를 호위병으로 발탁하고, 자신의 양녀인 마씨를 아내로 삼게 했다.

곽자흥이 죽자 주원장은 반란군의 지도자가 되었다. 주원장은 학문을 제대로 배우지 못했으나, 봉기에 가세한 사대부 지식인들의 조언을 겸허하게 받아들였으며, 이들로 인해 중국 역사와 유교경전, 군대조직과 통치기술 등을 배웠다.

주원장은 민중봉기의 우두머리보다 원나라에 대항하는 국민적 지도자로 나설 것을 권유받고, 남경을 함락하여 이곳을 거점으로 통일을 완성하게 된다. 1368년 주원장은 명의 황제임을 선포하고 남경을 수도로 삼았다.

하지만 황제가 된 주원장은 자신이 미천한 신분 출신이라는 사실로 인해 상당한 히스테리 증상을 보였다. 자신의 추한 용모와 승려 신분, 홍건적에 가담했던 경력 등에 대해서도 과민반응을 보였다. 그는 그가 싫어하는 단어를 사용하면 가차 없이 처형해 버리는 '문자의 옥(文字─獄)'을 단행하기도 했다. 당시 관료들은 아침에 궁에 들어갈 때마다 가족과 작별인사를 했고, 저녁에 무사히 돌아온 것에 대해 부둥켜안고 기뻐했다고 한다.

명나라를 건국한 이후 주원장은 개혁을 통해 탐관오리를 제거하고 새로운 법을 제정하는 등 민생 안정을 위해 많은 노력을 기울였고, 백성들의 환호 속에 나라를 안정시킨다는 이유로 숙청 작업에 들어갔다.

호유용, 이선장, 양헌 등의 공신들과 개국에 혁혁한 공을 세웠던 장군들을 가차 없이 주살했고, 좌승상 호유용의 경우 반역 사건으로 몰아 관련자 3만 명을 처형하였으며, 이로 인해 일반 행정을 총괄하는 기관인 중서성을 폐지하고, 주원장 자신이 직접

▲ 명태조 주원장(재위:1368~1398년)의 능역도(효릉)

친정(親政)했다.

주원장은 어느 날 태자 주표에게 마당에 가시나무 막대기를 던져 놓고 주워오라고 했는데, 태자가 가시 때문에 막대기를 얼른 줍지 못하자 "태자가 가시가 무서워 얼른 줍지 못하니 짐이 가시를 대신 뽑아버리고 태자에게 주면 되지 않겠느냐?"하면서 숙청 작업을 계속했다고 한다.

조선에 태종 이방원이 없었다면 세종대왕의 한글 창제와 같은 빛나는 업적이 있을 수 없었던 것처럼 주원장도 후세 왕들을 위

▲ 중국 남경. 자금산(종산)에 있는 명태조 주원장 능 봉분

해 자신이 힘든 일을 자처하면서 26명의 아들과 16명의 딸들에게 제국을 분할 통치케 하여, 영원토록 부귀영화를 누리기를 바랐던 것이다.

이런 와중에 마태후와 태자 주표가 연이어 세상을 떠난다. 태자 주표가 병사하자, 그의 아들 주윤문을 태손으로 삼았으나 태손이 중신과 개국원로들을 제압하지 못할까 두려워 그때까지 살아남은 죽마고우인 서달마저 죽음으로 몰고 갔다. 유일하게 살아남은 '탕화' 만이 미친 척하여 목숨을 부지했다. 말 그대로 '토

墓 之 祖 太 明 山 此

▲ 중국 남경. 자금산(종산)에 있는 효릉 봉분 입구

사구팽'이었던 것이다.

주원장은 이러한 패단 정치로 인해 심신이 극도로 쇠약해져 병으로 사망했는데 "위기에 대한 근심 걱정으로 하루도 게으름을 피우지 않고 부지런히 일했다."고 유서를 남겼다.

사학자들은 주원장의 치세를 송대 이후 전제정치 극치로 표현하고, 청나라 역사가 조익은 주원장을 성현, 호걸, 도적의 성질을 두루 갖춘 황제였다고 평가했다.

이처럼 생전에 황제로서 무소불위의 권력을 휘두른 주원장은

▲ 명 효릉 능침도

죽어서까지 하늘의 제왕인 천제가 되고 싶어 자신의 무덤인 효릉
을 재위 14년(1381년)에 착공해 3대 황제인 영락 11년(1413년)에 완
공하였다. 32년이라는 세월이 걸린 대공사였다. 1398년 태조 주
원장이 이곳에 묻힐 당시 비빈 46명과 궁인 10여 명이 함께 순장
되었다고 한다.

효릉은 자금산(종산)을 주산으로 하고 좌우 청룡과 백호가 감싸
주는 형국이며, 매화산을 안산으로 하였다. 좌측에서 나온 물이

222

▲ 중국 남경. 자금산(종산)에 있는 명효릉 (출처 : 포털 구글 지도)

어하고(御河橋)에서 한 번 감싸고, 사방성(四方城) 앞에서 두 번째로 감싸 흐르는 전형적인 풍수지리상 최고의 명당길지이다. 마치 용이 구슬을 가지고 노는 형국이다.

효릉의 담장 둘레는 45리(22.5㎞)이고, 가로 세로의 길이가 5리(2㎞)였다. 이곳에 소나무 10여만 그루를 심었으며, 사슴은 천 마리 정도 길렀고, 능을 지키는 군사가 5,000여 명이나 되었다고 한다.

石象路神道 石象路の神道
Sacred Way (Stone Elephant Road Section)
석상로신도

孙权故事园 孙权の物语园
Park of Tales about Sun Quan
손권고사원

▲ 자금산(종산)에 있는 명 효릉의 안산에 해당되는 부분에 삼국시대 동오의 왕 손권의 능이 있었으나 명태조 주원장이 자신의 능 조성시 파묘치 않고 평장 처리하였다. 중국 정부의 '자기측정법'으로 손권지궁을 찾았다고 하나 도굴 여부와 위치를 공개치 않고 있다.

참도(參道) 옆에 삼국시대 오나라 제후 손권의 무덤이 있는데, 효릉을 조성할 때 신하들은 풍수를 위해 손권의 무덤을 파헤칠 것을 건의하였으나 주원장은 "손권도 호걸 중의 한 사람이니 파내지 말고 나의 보초를 서도록 놔두라."고 하였다고 한다. 그리하여 손권의 무덤은 파헤쳐지는 수난을 면했으며, 대신 봉분을 없애고 평장(平葬)한 상태로 남게 되었다. 지금은 손권의 무덤이 있었다는 현대식 안내 표지석과 동상이 있을 뿐이다.

일반적으로 참도(신도와 어도로 형성)는 직선 형태로 되어 있는 것이 보통인데 효릉의 경우 천제가 사는 북극성과 북극성을 호위하

▲ (좌) 중국 남경. 명 효릉 입구의 코끼리상 (우) 중국 남경. 명 효릉 입구의 낙타상

는 북두칠성 형상을 본떠 만들어 국자 형태로 형성되었다.

　그리고 각 별자리 특성에 맞는 상징물을 배치하였는데, 제1성 탐랑성에 사방성을 배치했고, 제2성 거문성에 신도망주를, 제3성 녹존성에 영성문을 배치했으며, 제4성 문곡성에 어하교를 설치했고, 제5성 염정성에 문무방문을, 제6성 무곡성에 향전을, 제7성 파군성에 보성을 설치하여 성루에 깃발을 휘날리게 하였다. 천제가 사는 북극성에는 자신이 영원히 영면할 안식처를 정하여 사후에도 사후세계를 통치하려고 하였다.

중국 혁명의 선도자이자 정치가이고 국민 정부 시대의 '국부'로 중국 인민에게 최고의 존경을 받았던 손문(1866년~1925년) 선생은 가난한 농부의 아들로 태어났다.

열네 살 때 노동자로 하와이에 가 있던 형 손미의 도움으로 서양 학문을 접할 기회를 얻게 되는데, 기독교에 심취하는 것을 못마땅하게 여긴 형과 뜻이 맞지 않아 열여덟 살 때 다시 고향으로 돌아오게 된다. 하지만 고향에 돌아와서도 학문에 뜻을 굽히지 않았고, 결국 서양 의학원을 졸업하여 개업 의사로 성공하게 된다.

손문은 홍콩의학교에 있을 때 '삼합회'의 수령인 정사량을 알게 되어, 혁명에 뜻을 두고 반청운동에 가담하게 되고, 이를 계기로 포르투갈의 영지인 마카오에서 쫓겨나게 된다. 이후 본격적으로 혁명 운동에 뛰어든 그는 청일전쟁이 한창일 때 '홍중회'를 조직하여 '만주족 추출, 중국 회복, 연합정부 건설'이라는 강령을 내걸고 봉기를 꾀하지만 사전에 발각되어 실패해 일본으로 망명한다.

이후 여러 나라를 돌아다니며 혁명을 시도하였지만 번번이 실패했고, 16년간 유랑 생활을 하게 된다. 이 와중에 중국혁명의 이념적 토대가 된 삼민주의가 나오게 된다. '민족주의, 민권주의, 민생주의'로 대변되는 이 3원칙이 하나로 연결되어 통일된 사상 체계를 형성한 것이다. 그리고 삼민주의가 토대가 된 '신해혁명'이 성공적으로 끝나 손문은 임시 대총통에 추대된다.

손문은 1912년 1월 1일 중화민국을 발족시키지만 정부가 힘이 없어 조정으로부터 전권을 위임받은 원세개(袁世凱)와 협상을 통해 황제(부이)를 폐위시키고 손문 역시 임시 대총통 지위를 원세개에게 물려준다.

하지만 원세개의 배반으로 또다시 혁명을 시도했으나 실패하여 일본으로 망명하게 되었다. 그 시절 일본에서 손문은 전처와의 사이에 아들과 딸 두 명을 두었는데, 이혼도 하지 않은 채 자

▲ 중산릉 전경

신의 비서인 송경령과 결혼해 상당한 파문을 일으켰고 도덕적으로 많은 비난을 받았다.

그 후 원세개가 병으로 사망하자 다시 귀국하여 계속 혁명에 전념하였고, 1923년 2월 새로운 체재의 총통으로 취임한 후 중국을 삼민주의 이념을 바탕으로 한 국가로 만들기 위해 많은 노력을 기울였다.

1925년 3월 12일 암으로 죽으면서 그는 "혁명은 아직 끝나지 않았다."라고 하였다고 한다. 그리고 자신을 자금산에 묻어줄 것

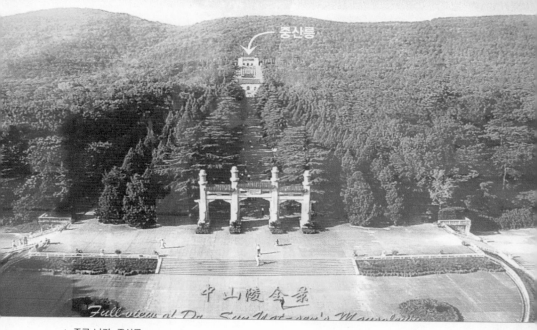

▲ 중국 남경. 중산릉

을 유언하였으며 "훗날 내가 죽으면 국민들로부터 한줌의 흙을 빌려 매장할 뿐이다."라고 말했다.

그의 유언에 의해 1929년 6월 1일 그의 유해는 남경의 자금산 (종산) 명태조 주원장의 효릉 외청룡에 해당하는 소모산 남쪽 기슭의 중산릉에 묻혔다. 중산릉은 해외 화교 헌금과 중국 전역에서 모금한 헌금으로 3여 년의 공사 끝에 완공되었다.

능원은 8만 평방미터나 되는 공원이며 능문에서부터 손문이 영면해 있는 묘실까지 일직선으로 되어 있고, 주원장의 명 효릉

▲ 중국 남경 자금산에 있는 중산릉 (출처 : 포털 구글 지도)

보다 90m 높은 158m에 위치해 있다.

능 입구에서 묘실까지 길이 375m, 폭 40m의 참도가 있고, 392개의 계단으로 이루어져 있는데, 이는 당시 중국의 인구수인 3억 9,200만 명을 뜻한다고 한다. 중국 근대 건축사에서 최고로 꼽히는 능이라며 극찬을 아끼지 않는다.

그러나 중산릉의 위치는 풍수지리적인 면에서 볼 때 중국 인민들이 '국부'로서 존경하던 손문 선생이 잠들어 있기에 매우 부담스러운 곳이라 생각된다. 중산릉은 높은 곳에 위치하고 있어 앞이 훤히 트여 있어 전망은 매우 좋다고 할 수 있다. 아마 일반인들 모두 매우 좋다고 할 것이다. 그러나 명당(혈)은 바람을 싫어한다. 또한 명당(혈)이 되려면 주변 산세와 조화를 이루어야 하는데 중산릉은 높은 곳에 있어 명당(혈)이 되기에는 위치상 맞지 않다고 할 수 있다. 과일이 나무줄기에 열리지 않고 가지에 열리듯 풍수지리상 명당(혈)도 이와 마찬가지인 것이다.

중산릉에서 백호에 해당하는 주원장의 명 효릉은 자금산(종산)의 주맥이 내려와 맺은 명당길지인데 중산릉보다 무려 90m나 아래에서 명당(혈)이 만들어진 것을 감안한다면, 명 효릉의 두 번째 외청룡에 해당하는 중산릉은 보편적으로 더 낮은 곳에 명당(혈)이 만들어진다.

중산릉 묘실 중앙에는 하얀 대리석으로 조각한 손문 선생의 전신상이 누워 있는데, 이 전신상 밑에 손문 선생이 영면하고 있다. 겉보기에는 거대하고 화려하며 고대 중국의 황제보다 더 웅장한 능에서 중국 인민의 존경을 받으며 편안히 영면하리라 생각되지만 과룡조장에 해당되어 가시방석에 누워 있는 것과 같다.

중산릉에서 계단으로 한참 내려와 좌우에 돌사자상이 있는 곳

▲ 중국 남경. 자금산(종산)에 있는 중국 인민의 국부 손문 선생의 하얀 대리석관

에 서서 주변을 보면 상당히 안정된 느낌을 받는다. 바로 그 중앙 지점에 중산릉을 조성했어야 했다. 도대체 왜 지금의 위치에 조성했는지 의심스러울 뿐이다.

중국의 황제나 제후의 능이나 무덤을 보면 명당(혈)에 조성되지 않은 경우가 거의 없다. 하물며 기원 이전인 관중(BC 645)이나 공자(BC 479), 맹자(BC 279), 진시황(BC 210) 등의 무덤도 정확하게 명당(혈)에 조성되었는데, 현대인 1929년에 조성된 중산릉이 명당(혈)에 조성되지 않았다는 것이 납득이 가지 않는다.

당시 중국 국민당 정부는 부패했다. 각 군벌들이 난립해 자신의 이익만을 위해 정국의 향방을 가늠하던 시기였다. 당시 중산릉을 조성하기 위해 국민들로부터 은 460만 냥이라는 금액을 모금했으나, 만약 현재의 위치가 아닌 돌사자상의 위치로 능을 조성했다면 헌금 사용에 많은 어려움이 발생하였을 것으로 본다. 손문 선생의 유지인 "훗날 내가 죽으면 국민들로부터 한줌의 흙을 빌려 몸을 매장할 뿐이다."라는 취지와도 너무나 어긋난 것 같다.

왜 황제들은 태산에 올라 봉선례를 올리려 하였을까?

태산은 중국인들이 한번쯤 반드시 오르고 싶어하는 영혼의 고향이다. 산둥성 태안에 있는 태산은 세계문화유산으로 지정된 중국의 오악 중 으뜸으로 천하제일의 명산이라고 일컬어진다. 주봉은 옥화정으로 높이는 1,545m이다. 태산은 중국인은 물론 한국인들의 입에도 자주 오르내리곤 한다.

泰山雖高是亦山
登登不已有何難
世人不肯勞身力
只道山高不可攀

—詩經

태산이 높다하되, 하늘 아래 뫼이로다.

오르고 또 오르면 못 오를 리 없건마는

제 아니 오르고 뫼만 높다 하더라.

　　　　　　　　　　　—시경

　중국인들은 오악(동악:산동성의 태산, 서악:섬서성의 화산, 중악:하남성의 숭산, 남악:호남성의 형산, 북악:산서성의 항산) 가운데 태산을 최고의 명산으로 여겼다. 또한 황제들은 태산이 오악 중 동쪽에 있어서 태양이 가장 먼저 뜬다 하여 권력의 상징으로 보았다. 그렇기에 황위에 오른 황제들은 동쪽으로 순행하여 태산에 이르러 봉선례(제사)를 거행했으며, 천제에게 자신의 업적을 보고하고 천제의 은혜에 감사하며 복을 기원했다.

　태산에서 하늘과 가장 근접한 꼭대기에 제단을 쌓고 하늘에 제사 지내는 것을 '봉'이라 하고, 태산 기슭의 작은 산에 산천의 지신에게 제사 지내는 것을 '선'이라 하였는데, 황제들은 태산에 올라 봉선례를 올려야만 진정한 황제라고 생각했던 것이다. 이렇게 해야만 하늘로부터 신권을 부여받아 통치를 강화할 수 있다고 믿었다.

▲ (좌) 중국 산동성에 있는 오악 중 으뜸인 태산 정상 (우) 중국 산동성 태산 정상 전경

　태산에서 봉선례한 황제는 진시황제을 필두로 72명이다. 진시황제은 중국 천하를 평정하고 자신이 황제임을 만천하에 알리기 위하여 문무백관과 수많은 군사를 거느리고 순행하여 태산에 올라 봉선례를 올렸으며, 한무제는 10여 만 기병을 거느리고 순행하여 태산에 봉선제사를 올렸다. 봉선의 신비감을 더하기 위해 곽거병의 아들 시중 곽선을 희생양으로 삼기도 하였다.

　한 번 순행하면 황제와 함께한 일행에 대한 경비는 인근 백성의 부담이 되므로 그 폐해는 이루 말할 수 없었다. 태산에 봉선례한 황제들은 자신들이 왔다 간 흔적을 이곳저곳에 남겨놓았다.

　그러나 당나라 태종(제2대 황제, 598년~649년)은 이 봉선례를 올리지 않았다. 당나라 최고의 충신인 위징이 당태종의 봉선 불가

함을 아뢰자 그 뜻을 깨닫고 강력한 군대로 천하를 통일한 진시황제나 수나라의 수양제의 쓰라린 교훈을 거울삼아 봉선례를 취소한 것이다. '평안할 때 위태로움' 을 좌우명으로 삼아 자신이 죽을 때까지 태산에 봉선하지 않았다고 한다.

대묘는 중국 고대 황제들이 태산에 와서 봉선을 거행하던 곳이며, '동악묘' 또는 '태산묘' 라 불렀다. 태산신에게 제사 지내는 '천황전' 은 송나라 진종 때 만든 건축물로 웅장하고 아름다워 자금성의 '태화전' 과 공묘의 '대성전' 과 함께 중국의 3대 건축물에 해당한다. 대묘 주위는 황제들이 봉선을 왔다간 흔적으로 비석들이 곳곳에 즐비하게 늘어서 있다.

대묘는 태산에서 힘차게 뻗어 내려오던 한 맥이 완만한 능선으

▲ (좌) 중국 3대 건축물 중 하나인 천황전 (우) 중국 산동성 태안, 대묘의 천황전의 동악 태산 신상

로 거의 평지나 다름없는 천황전에 명당(혈)을 만든 곳이다. 그래서 천황전의 건물 상태를 보면 세월의 흐름이 무색할 정도로 깨끗함을 알 수 있다.

현재 중국의 5위안 지폐의 앞면에는 모택동의 초상화가 그려져 있고, 뒷면에는 태산과 오악독종(五岳獨宗)이라 쓰인 비석이 그려져 있다. 중국인에게 태산이 곧 천심이라는 것을 의미하는 것으로 이념이나 권력보다 민심과 하늘의 뜻이 중요하다는 것을 의미하는 것 같다.

▲ 중국 산동성 태안의 대묘에 있는 오악독종

　무소불위의 권력을 휘두르던 황제들조차 자신을 낮추고 하늘을 우러르고 두려워한 것을 보면, 세상에는 우리 눈에 보이지 않는 하늘의 기운이 작용하는 것 같다. 그 기운은 옛날이나 지금이나 민심을 통해서가 아닐까.

사막 한가운데의 명당, 명사산의 월아천

중국 감숙성 둔황에 있는 명사산에서 수천 년 전 전투가 벌어졌다고 한다. 그런데 갑자기 엄청난 모래 폭풍이 불어와 양쪽 군대가 모래 속에 파묻혔고, 이후 이곳에 병사들의 함성 소리가 들린다는 것이다. 실제로 모래 언덕에서 휘파람 소리 같은 이상한 소리가 난다. 명사산이라는 이름은 여기서 유래됐다.

명사산의 모습을 보면 자연이 참으로 아름답게 만들어놓았다는 생각이 드는데, 명사산에 올라 자연의 신비스러운 장관을 바라보고 있노라면 과연 이러한 전설이 거짓이 아니구나 하는 생각도 든다.

명사산 사막 한가운데 반달 모양의 월아천이라 불리는 호수와 월천각이라 불리는 탑이 있는데 이 호수와 탑의 조화는 참으로

▲ 중국 감숙성 돈황의 명사산의 월아천의 전경

아름답다. 이곳에 전해오는 이야기 중 '호수 주위에 부는 특별한 바람이 모래가 불어오는 것을 막아준다.' 라는 말이 있다. 월아천 주변에는 모래 폭풍이 모든 것을 삼킬 듯 아우성치고 있고, 주위는 온통 하얀 모래로 덮여 있으나, 신기하게도 월아천만은 생명체가 평안하게 생존할 수 있었으니 이런 전설이 생긴 듯하다. 하지만 과연 이것을 논리적으로 설명할 수 있을까?

월아천은 자연의 신비를 가득 안고 수많은 세월의 부침 속에서도 이어져 오고 있다. 그 이유는 이곳이 바로 풍수적으로 말하는

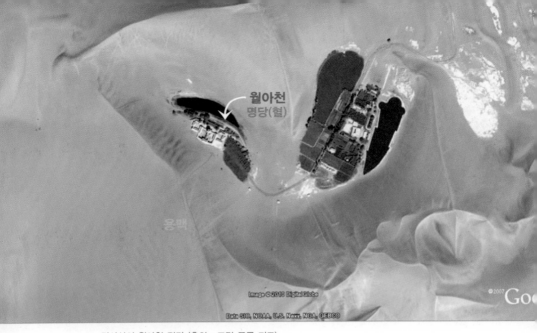

▲ 명사산의 월아천 전경 (출처 : 포털 구글 지도)

명당(혈)이기 때문이다.

월아천의 경우 맥이 건물 뒤편 산에서 내려와 월천각에서 용진혈적(정혈됨)하였고, 좌청룡과 우백호의 감싸 안은 형국은 너무나 완벽하다고 할 수 있다. 이렇듯 완벽한 명당(혈)이 아니고서야 어찌 몇 천 년 동안 월아천과 월천각이 보전되어 내려올 수 있었겠는가? 자연의 신비에 다시 한 번 경외를 느낄 따름이다.

우리는 현재 과학 문명이 발달한 시대를 살고 있지만 풀 한 포기 모래알 하나 만들지 못하는 것이 현실이다. 만약 인간이 풀을

▲ 월아천의 용맥 흐름

만들 수 있다면 하루가 다르게 늘어나는 사막을 녹지화시켜 지구 온난화를 방지할 수 있을 텐데 말이다.

하지만 자연은 우리 인간이 할 수 없는 것을 아주 쉽게 해내고 있다. 풍수지리가 가지고 있는 효험은 사막 한가운데 있는 월아천의 존재의 신비를 알지 못하는 것과 같다고 볼 수 있다.

소림 무술의 본산인 소림사는 중국의 하남성 등봉현 숭산에
위치해 있다. 숭산은 하나의 산이 아닌 72개의 봉우리로 되어 있
으며, 소림사라는 이름은 '소실산의 무성한 수림' 이라는 의미에
서 유래되었다.

북위시대 때 효문제(495년)가 인도의 승려 발타를 위해 건립한
곳으로 소림사는 연꽃의 꽃봉오리 같이 생긴 꽃심에 해당되는 부
분인 연화부수형의 명당(혈)에 위치해 있고, 각 전각들은 연주혈
의 명당에 자리 잡고 있다.

소림사는 면벽 9년으로 유명한 달마대사와 중국 영화에 등장
한 소림승려와의 권법대련의 장소로 기억된다. 소림사가 당나라
건국에 기여한 공로를 인정받아 무술 연마를 할 수 있게 정부로

▲ 중국 숭산의 소림사 사리탑 전경

▼ 중국 숭산의 소림사 승려들의 불교 의식

▲ 중국 숭산의 소림사

부터 공식 인정되면서, 제국들(당, 송, 원, 명, 청)의 흥망성쇠에 직간
접으로 연루되어 수많은 전란에 휩싸이게 된다.

소림사는 왕조시대가 몰락하고 사회주의 국가가 대두되면서
종교를 인정치 않는 사회주의 치하에서 자연히 쇠락의 길을 걷게
된다. 더욱이 문화혁명 시기에 홍위병의 근거지가 되어 폐찰 지
경까지 이르게 된다.

하지만 이렇게 면면히 이어져 올 수 있었던 것은 소림사의 터
가 연화부수형의 명당에 자리하고 있기 때문이 아닌가 한다. 인

▲ 중국 숭산의 달마조사상

간의 일들은 마치 꽃과 같이 활짝 피었다가 때가 되면 지는 것처럼 흥망성쇠가 있기 마련이다. 그러나 자연은 그대로의 성질을 항상 유지하면서 자신의 본분을 다할 뿐이다.

　흑묘백묘(黑猫白猫)를 주창하며 등장한 등소평의 개방개혁 정책에 의해 소림사는 다시 옛 영화의 부활을 예고하게 된다. 폐사나 다름없던 소림사는 젊은 혈기의 방장 시용신에 의해 상품화되어 이전보다 더 화려하게 세계에 재등장한 것이다. 명당(혈)에 있다 보니 '시용신' 같은 방장에게 좋은 생각이 떠오르게 된 것이다.

▲ 중국 숭산의 소림사 전경

생각이 인간의 삶을 바꾸듯이 명당(혈) 자리는 인간에게 항상 긍정적인 생각을 갖게 하는 것 같다.

소림사가 있는 등봉시는 당나라 여황제 측천무후가 중국의 오악 중 하나인 중악이 있는 숭산에 오른 것을 기념하여 이름 붙여진 것인데, 중국에서 보기 드문 깨끗하고 질서 정연한 계획도시로 발돋움하게 되었다.

등봉시 곳곳에 있는 소림 무술원에는 무술을 연마하기 위해 세계 각지에서 모여든 무술 수련생이 3만이 넘는다고 하며, 소림사를 관광하기 위하여 찾아오는 국내외 관광객이 300만 명이 넘는다. 또한 러시아 대통령 푸틴의 딸이 이곳에서 무술 수련을 연마하고 있고, 푸틴 대통령 자신도 소림사를 직접 방문하며 세계에 더욱 널리 알려졌다.

제4장
세계 속에서 보는 풍수지리

아르헨티나는 왜 경제 대국에서 빈국으로 추락했는가?

알람브라 궁전과 타지마할은 명당인가?

최고의 명당이라고 말하는 마추픽추는 왜 사라졌는가?

고베 지진도 영향을 미치지 못한 명당

일본의 유명한 절들은 모두 명당에 있다

세계 최고의 명당 도시 이스탄불

아르헨티나는 나라 이름 자체를 '은'이라고 할 정도로 풍부한 자원과 거대한 영토(한반도의 12.5배)를 소유한 나라로 한때 세계 5대 경제 대국이었다. 하지만 현재 이 나라의 인구 3,700만 명 가운데 40%에 해당하는 인구가 어려운 생활을 하고 있다고 하니 도저히 믿기지 않는다.

이 나라의 수도 부에노스아이레스의 중심부에 위치한 레콜레타 지구는 손꼽히는 고급 주택지다. 이곳에 산다는 것만으로도 자부심과 긍지를 가질 정도라고 한다.

또한 레콜레타의 공동묘지에 묻히는 것을 개인의 영광뿐 아니라 가문의 영광으로 여긴다. 묘지가 있는 장소에 따라 계급을 평가받는 이 나라에서 레콜레타 묘지는 영원히 잠든 아르헨티나인

▲ (좌) 아르헨티나의 서민들이 아직도 그 시절을 잊지 못하며 추억에 젖어 그리워하는 국모, 에비타
(우) 아르헨티나의 레콜레타 공원 묘지에 있는 에비타의 묘지명

들의 최고급 주택지라 할 수 있다.

　'레콜레타의 공동묘지'의 입구에서 나이 든 신사분이 녹음기를 틀어놓고 혼자서 흥에 겨워 탱고를 추고 있는 모습은 이 나라 국민의 정서를 보여주는 듯하다. 항상 밝게 살려는 낭만적인 모습으로 보이기도 하지만 지난날의 영광을 애환으로 달래려는 모습으로 비쳐지기도 한다.

　레콜레타 공동묘지는 이 나라에서 가장 유서 깊은 묘지로 조각과 전통적인 장식 등이 꾸며져 있어 묘지라는 생각이 들지 않을 정도로 아름답다. 한마디로 표현하면 '대리석 건물의 장식장'이다. 온갖 대리석 등으로 죽은 자를 위해 정성을 다하여 꾸며놓은

▲ 아르헨티나의 레콜레타 공원 묘지에 있는 대리석의 묘지

모습이 죽은 자를 위한 것이라기보다는 산 자를 위한 것 같다.

1882년부터 조성하기 시작해 현재에 이르고 있는데 역대 대통령 13명을 비롯해 유명한 가문이나 정부의 유력 인사들의 묘가 이곳에 있다.

그런데 이곳은 태양빛이 작열하는데도 밝은 기운보다는 왠지 모르게 마음을 착 가라앉히는 기운을 가지고 있다. 왜 그럴까?

이곳은 대리석이나 화강암 같은 돌로 무덤을 만들어 낮에는 태양에 의해 뜨거워졌다가 밤에는 차가워진다. 이러한 극심한 온

▲ 아르헨티나의 레콜레타 공원 묘지에 있는 대리석의 묘지들

도 차이는 후손에게 나쁜 영향을 끼치게 된다고 볼 수 있다. 또한 모든 무덤이 제각기 예술적인 형상으로 조형물을 만들었기 때문에 이로 인한 충을 받게 될 것이며 역시 후손에게 나쁜 영향을 주게 된다.

그리고 무거운 돌이 이 나라 수도의 거의 중심부 지역을 누르고 있는 격이어서 나라의 지기를 압박해 국운 상승의 길을 제대로 이룩하지 못하게 될 것이다.

한반도의 12.5배(남한 28배)에 이르는 광활한 영토와 풍부한 자원을 가진 아르헨티나가 가난에서 벗어나지 못하는 원인이 바로 이것이 아닌가 한다.

1882년 공동묘지 조성 후 잘나가던 나라는 갑작스레 에바 페론이라는 뜻하지 않은 인물에 의해 망하고 만다. 그동안 축적하였던 국부가 어떤 창조적인 계획도 없이 마구잡이로 쓰인 어처구니없는 결과를 초래한 것이다.

만약 아르헨티나의 국운이 상승 기운을 탔다면 어쩌면 지금 세계 초일류 국가가 되었을 것이다. 하지만 결국 경제가 파탄되는 지경에 이르게 된 한 측면에는 '레콜레타'와 같은 공동묘지의 나쁜 영향이 있지 않았나 한다.

음택의 발복을 3대 정도로 본다면 1882년 묘지 조성, 1910년~1930년대 호황, 1940년대 이후 에바 페론의 등장과 함께 1960년대 후반부터 국가가 어려워지기 시작한 것이 아닐까? 3대를 60년 정도로 본다면 가능한 얘기가 아니겠는가.

기타에 처음 입문하는 사람이면 누구나 '알람브라 궁전의 추억' 을 배우곤 한다. 기타 작곡가이자 연주가인 프란시스코 타레가가 알람브라 궁전을 구경한 후 깊은 감명을 받아 작곡한 곡인데, 물결 흐르듯 매혹적인 느낌을 지닌 멜로디가 절로 우수에 잠기게 한다.

1492년 1월 2일 그라나다에 있는 나스르 왕조의 마지막 무어인 왕 보아브딜은 스페인의 이사벨라 여왕과 페르난도 2세에게 항복하고 이 궁전을 평화적으로 내어준 뒤 아프리카로 떠나고, 알람브라 궁전만이 800여 년간 내려온 이슬람 문화의 찬연함을 간직한 채 홀로 오롯이 남게 됐다.

세계유네스코 문화유산에 등재되어 있는 이 궁전은 이베리아

▲ (좌) 스페인 그라나다의 알람브라 궁전 내 카를로스 5세 궁전　(우) 스페인 그라나다의 알람브라 궁전에 있는 헤네랄리페 여름 궁전

반도에 남아 있는 이슬람 문화의 진수를 잘 보여주고 있다. 이 알람브라 궁전을 건축하는 데 260여 년이 걸렸는데 채 20년도 사용하지 못하고 기독교들에게 고스란히 넘겨주었다. 역사적인 건축물을 지으면 왕조가 망한다는 말은 빈말이 아닌 것 같다.

아무리 외부의 침략으로부터 방어하기 좋은 입지에 자리 잡은 곳이라도 내부의 정신적인 해이(解弛)는 결국 왕조를 무너뜨리는 결과를 낳게 하였으니 말이다.

그런데 기독교도인 이사벨라 여왕과 페르난도 2세 국왕은 왜 이토록 아름다운 궁전을 방치해 두었을까? 당시 이슬람이든 기독교든 정복지의 유명한 사원이나 왕궁을 점령하면 헐어버리고 그 위에 사원이나 왕궁을 다시 지었는데 알람브라 궁전만은 그대로 두었으니 이상할 따름이다.

이곳 그라나다는 고산준령인 네바다 산맥이 병풍같이 둘러쳐져 있어 외부에서 침략하기 매우 힘든 곳이다. 또한 궁전이 배와 같은 유선형 형상을 하고 있고, 우측은 깊은 골짜기로 되어 있어 외부에서 침략으로 함락시키기 어렵다. 그래서 기독교도인 이사벨라 여왕과 페르난도 2세 국왕도 봉쇄 작전으로 항복을 받아냈던 것이다.

이와 같은 형세다 보니 이 궁전은 거주하기보다는 잠시 머무는 거처로 별장지에 적합한 곳이라 할 수 있다. 풍수적인 관점에서 본다면 깊은 계곡은 바람길이다. 명당(혈)은 바람이 심한 곳에 결지하지 않는다.

비록 이 궁전이 명당은 아니라 하더라도 누구나 한번쯤 가보고 싶은 선망의 장소인만큼 자연재해로부터 잘 보호되었으면 하는 바람이다.

그렇다면 알람브라 궁전만큼이나 아름답고 세계인들에게 극찬받고 있는 인도의 타지마할은 어떨까? 타지마할은 사랑하는 이를 기념하기 위해 22년간 매일 2만 명씩 동원하여 만든 무덤이

▲ 인도 아그라에 있는 타지마할 전경

▼ 인도 아그라성(샤자한이 아들 아우랑제브에 의해 죽을 때까지 8년간 유폐되었던 곳, 이곳에서 타
지마할이 지척에 있음)

다. 인간으로서 도저히 이루어내기 힘들다는 생각에 세계 7대 불가사의에 지정되기도 했다.

타지마할의 웅장함과 살아 있는 듯한 생명력은 말로 표현할 수는 없을 것 같다. 관이 놓여 있는 자리의 둘레에 있는 꽃무늬들은 마치 지금 막 피어나고 있는 것 같아 이 모습을 한참 보고 있노라면 그 대리석에 새겨져 있는 꽃 속으로 빠져드는 느낌을 받는다.

타지마할은 이란인 설계자 우스타드이사가 알람브라 궁전의 건축양식을 참고하여 건축한 것이다. 좌우대칭의 건축미를 자랑하는 타지마할은 안쪽으로 네 개의 기둥이 지진 등에 의해 무너지지 않도록 1도 정도의 차이를 두었다고 한다. 특히 천장에 있는 문양과 기하학의 형태의 선등은 매우 정교하다.

그러나 이 무덤을 건축하라고 명령한 샤자한은 너무 많은 국력을 소모했다는 비난을 받게 되고, 혈육의 정을 저버린 아들 아우랑제브에게 결국 권력을 찬탈당하고 만다. 이후 그는 아그라성에 죽을 때까지 유폐된다. 지척에 있는 왕비 뭄타즈 마할을 생각하면서 흘린 그의 눈물이 아무르의 강물만 할 거라고 인도의 시성(詩聖) 타고르는 말했다.

타지마할은 아무르 강이 굽이치는 곳에 자리 잡고 있다. 물이

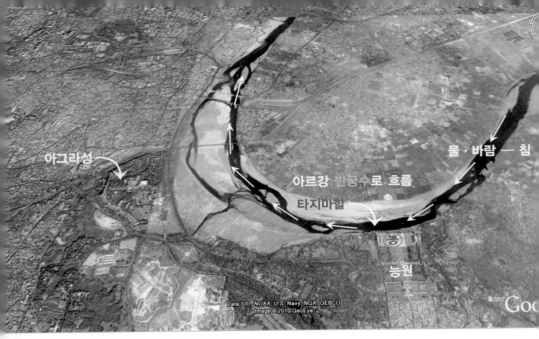

아그라성

물·바람 — 침

아르강 반몽수로 흐름

타지마할

능원

▲ 타지마할, 아무르 강, 아그라성의 지형도

▼ 인도 아그라에 있는 타지마할을 반궁수로 굽이치는 아무르 강

굽이치는 곳이다 보니 단단한 암석으로 되어 있을 것이다. 물이 치는 곳은 바람이 치는 곳으로 타지마할의 아름다운 건축미에 상당한 영향을 미친다. 또한 설계자가 지진 등에 대한 자연재해에 심혈을 기울였다고 하나 낙수가 바위를 뚫듯 물이 굽이치는 반궁수(反弓水)에 해당되는 곳에 오랫동안 노출되면 영원성을 장담하기 어렵지 않을까 한다.

수많은 관광객 등으로 인해 죽어서도 샤자한과 뭄타즈 마할은 편하게 영면하지 못하고 있는 것은 모두 물이 굽이치는 곳에 있기 때문이다.

최고의 명당이라고 말하는 마추픽추는 왜 사라졌는가?

남미의 안데스 산맥 위에 건설된 잉카의 마지막 도시 마추픽추는 누구에게나 동경의 도시이다. 해발 2,450m나 되는 산 속에 이런 도시를 만든 이유는 무엇인지, 그리고 갑자기 이 지상에서 사라진 이유는 무엇인지 미스터리 속에 감싸 있어 더욱 신비롭게 느껴진다.

많은 궁금증과 풀리지 않은 수수께끼를 간직한 마추픽추는 1911년 미국 예일대의 고고학자인 하이럼 빙엄 교수에 의해 알려졌다. 빙엄 교수가 발표할 당시 마추픽추는 스페인 점령군을 피해 잉카인들이 머문 도피지로 밝혀졌다. 즉, 잉카인의 마지막 유적으로 1만 명 이상 거주하였을 거라고 추측된 것이다.

그러나 페루 정부와 빙엄 교수가 학회의 주목을 받고자 하는

▲ 페루 안데스 고원에 있는 마추픽추 전경

욕심으로 사실을 상당 부분 과장하였음이 밝혀졌고, 이후 수많은 고고학자와 인류학자 그리고 건축가들이 최신 장비를 동원하여 마추픽추의 의문점들을 풀기 위해 많은 노력을 기울였다.

그 결과 이 도시가 언제, 어떻게, 왜, 무슨 목적으로 누가 만들었는지 그리고 갑자기 사라진 이유는 무엇인지 등이 조금씩 밝혀지고 있다. 물론 모든 것이 확실히 밝혀졌다고는 할 수 없지만 말이다.

내셔널 지오그래픽의 기술에 의하면 1438년 창가족 전사들이 잉카족을 공격하였을 때 잉카족 황제가 도주해 버리는 바람에 잉카족은 거의 멸망 직전에 놓였다고 한다.

그때 잉카 황제의 아들이 투혼을 발휘하여 전쟁을 승리로 이끌어 잉카제국을 건설하게 되고, 이로 인해 '땅의 개혁가' 라는 의미의 '파차쿠티' 라는 칭호를 가진 젊은 황제가 탄생한다. 파차쿠티는 아버지의 권력을 빼앗고, 주변국을 정벌하여 잉카제국의 전성기를 맞는다. 이때의 잉카제국은 콜롬비아 북쪽에서 칠레 중부, 아르헨티나 일부 등까지 영토를 넓혔으며 제국의 인구가 1,000만 명에 이르렀다고 한다.

거대 제국의 젊은 황제는 자신의 힘과 위치를 과시할 필요성을 느꼈을 것이다. 그래서 그는 인간들의 황제뿐 아니라 신의 자리에 올라 신과 인간을 모두 다스리려는 욕심을 갖게 되었고 마추픽추를 찾게 된다. 마추픽추가 신성한 산들에 에워싸여 있고 하늘과 산, 강이 영적인 중심에 위치해 있어 신과 소통할 수 있는 특별한 장소라고 판단한 것이다.

마추픽추는 잉카제국의 수도인 쿠스코에서 약 114km 떨어진 곳에 위치해 있다. 지형적으로 보면 외부의 접근이 어려운 곳이다. 또한 주변에 높은 봉우리들이 감싸 안고, 물(우루밤바 강)이 둘러 휘

▲ 연화부수형의 마추픽추 용맥 흐름도 (출처 : 포털 구글 지도)

감고 있다. 연꽃의 화심에 해당하는 곳에 위치해 있는 것이다.

마추픽추는 바위로 형성된 능선이어서 공간이 거의 없다. 그래서 통 바위 위에 돌로 건축물을 축조해 신전이나 황제가 거처했으며, 산 능선 사이의 골짜기는 양쪽의 바위들을 다듬어 광장을 만든 것을 확인할 수 있다.

또한 계단식 밭들은 폭우로 인한 산사태가 나지 않도록 밑에는 큰 돌, 그 위에 작은 자갈, 그 위에 흙을 덮는 방법으로 여러 층으로 이루어졌다는 것이 최근의 발굴에 의하여 확인되고 있는데 표

▲ (좌) 페루 마추픽추에 있는 바위 위에 지은 신전 (우) 페루 마추픽추에 있는 계단식 경작지

▼ 석축이 무너진 이유에 대해 건축학자들은 흙이 빗물에 의해 쓸려 나가 무너졌다고 설명하지만 설득력이 없다. 과룡처에 해당되기 때문이다.

면에 나타난 부분보다 보이지 않는 부분이 더 많다고 한다. 계단식 밭의 면적이 축구장 12개 정도라고 하니 약 1,000여 명이 먹고 살면서 상주했을 거라고 추정된다. 하지만 파차쿠티가 이처럼 야심차게 만든 도시가 결국 유지되지 못하고 지상에서 사라져 버리고 말았다. 그 이유가 무엇일까?

세계의 건축가들은 600년 정도 된 석축 건물들이 틈 하나 벌어지지 않고 원형 그대로 있다는 이유로 이곳을 지리적으로 매우 좋은 곳이라고 본다. 그들은 마추픽추가 사라진 이유는 연 2,000mm의 폭우로 인한 산사태나 지진 등의 피해 때문이었을 것이라고 판단한다.

그러나 풍수적인 입장에서 보면 세계의 건축가들이 설명하는 것과 다르다. 마추픽추는 바로 앞 봉우리인 와이나픽추로 가는 중간 지점에 해당하는 곳으로(사람의 목 부분에 해당됨) 모든 기운을 잘 묶을 수 있도록 주변의 산과 물이 보호해 주는 곳이다. 이곳은 명당(혈)이 만들어지기 바로 전의 상태이며 산의 능선이 지나는 곳으로, 이런 곳에 묘를 쓰면 3대도 못 가 대가 끊어지고 집을 짓고 살면 3대가 아니라 바로 영향을 받는다고 말하는 곳이다.

▲ 이곳이 바람이 얼마나 강한지 지붕을 덮은 다음 끈을 묶는 돌출된 부위

또한 통 바위 위에 건축된 황제가 거처하였던 곳은 골짜기에 해당되며, 바로 아래는 절벽이어서 주변이 훤하게 트여 있어 경관이 아주 좋다. 그러나 산 능선 위에 건축된 신전의 석축이 틈이 벌어지고 무너졌는데, 건축가들은 처음 석축 공사 때 지반 공사를 하지 않고 흙 위에 바로 건축하였기 때문이라고 설명한다. 그러나 풍수적 입장에서는 이는 능선 위로 땅의 기운이 흐르기 때문에 지반이 자전과 공전을 계속하면서 미세한 변동을 주어 일어나는 현상이라고 볼 수 있다.

▲ 페루 마추픽추의 전경과 용맥 흐름

그리고 마추픽추는 바람의 강도가 매우 센 곳이다. 집이나 신전과 건축물들에서 지붕을 덮은 후 날아가지 못하게 끈으로 묶기 위해 돌로 된 돌출된 부분들을 볼 수 있다. 이와 같이 바람이 강한 곳에서는 명당(혈)이 형성될 수 없다.

이런 곳에 있다 보니 마추픽추는 도시가 형성된 지 100년도 안되어서 지상에서 자취를 감추게 되었다고 볼 수 있다.

고베 지진도 영향을 미치지 못한 명당

우리는 고베 지진이 일어났던 그날을 기억한다. 모든 매스컴은 일제히 일본의 고베 지진에 대해 실시간 보도하였고, 그 참혹한 현장의 모습들은 우리의 뇌리에 엄청난 충격을 주었다. 일본이 자랑하던 토목공학이 자연 앞에서 무기력하게 무너지고 만 것이다.

그러나 이런 아비규환과 같은 혼란 속에서도 이런 사실을 전혀 모르고 편히 잠들었던 사람들도 있었다. 고베 지진의 최대 피해지에서 직선거리로 불과 2.5km밖에 떨어져 있지 않은 지역이었다. 그곳 사람들은 아침에 매스컴을 통해 자기가 살고 있는 지역에 엄청난 규모의 지진이 발생하여 일본 열도가 혼란에 빠졌다는 것을 알았다고 한다. 불과 2.5km밖에 떨어져 있지 않은 곳인데 말

▲ 1995년 1월 17일 고베 지진 참상 현상 (출처 : 포털 다음)

이다.

고베시는 바다와 바로 붙은 곳으로 평탄한 지역이 별로 없이 산세가 험준하고 지각이 갈래갈래 뻗어내려 바다와 맞닿은 곳이다. 관서 지방의 최대 도시인 오사카와 30분 정도의 거리에 있어 인위적으로 건설한 대표적 항만도시이며 또한 공업도시이다. 이렇다 보니 효율적인 토지가 부족하여 바다를 매립해 부족한 공간을 만들었다.

그러나 이렇게 인위적으로 만들어진 땅은 아무리 잘 다져 매립

▲ 지진의 최대 피해지에서 불과 2.5㎞ 거리의 명당(혈) 위치도 (출처 : 포털 구글 지도)

한다고 하여도 태초에 지구가 생성될 때 있던 땅과 같을 수 없다. 현대의 토목 기술을 발휘하여 축조물을 건립한다고 하더라도 말이다.

고베 지진의 최대 피해 지역은 바다와 인접한 지역들이었다. 지진이 발생할 때 땅의 입자가 단단하지 못하고 고르지 못한 곳에서 진앙지에서 일어나는 파동이 더 크게 전달되기 때문이다. 이런 이유로 인해 원래의 땅보다 상대적으로 지반이 단단하지 못한 곳에 건축된 축조물들이 많은 피해를 보았다.

그런데 직선 거리로 불과 2.5㎞밖에 떨어져 있지 않은 곳에서 어떻게 지진을 감지하지 못하고 사람들이 편히 잠들 수 있었던

것일까?

그곳은 건축물이나 기타 축조물에 대한 개축이나 보수를 한 흔적이 전혀 없었으며 일본식 목조주택의 모습 그대로였다. 또한 집들의 담장이나 건물의 외벽에도 금이 간 곳이 전혀 보이지 않았다.

우리는 구글에서 제공하는 위성지도로 고베시 지형 체계를 검증하여 이곳이 풍수적으로 명당(혈)이 결지될 수 있는 곳으로 추정하고 현장을 실제 확인했는데, 명당(혈)이었다.

사망자 6,300명, 부상자 2만 680명, 이재민 약 20만 명, 물적 피해 규모 14조 1,000억 엔(미화 1,400억 달러)과 같이 엄청난 피해를

▲ 지진의 폐허에서 복구된 모습의 고베시

▼ 고베시 항만 전경

발생시켜 일본 열도를 혼란의 늪에 빠뜨렸던 고베 지진도 명당 (혈)에는 영향을 미치지 않는다는 것이 참으로 놀랍기만 하다.

섬나라인 일본에도 명당이 있을까? 풍수지리가 처음 태동한 중국의 관점인 '우주의 중심은 중국이며, 용맥의 출현은 곤륜산에서 시작한다.'는 전제를 토대로 하면 섬나라 일본엔 명당(혈)이 있을 수 없다. 풍수고전에서 기(氣)는 물을 만나면 멈춘다고 하였기 때문이다.

그러나 땅의 기운의 시발점이 특정되어 있다고 보기는 어렵다. 지구는 자전과 공전을 하기 때문에 에너지의 흐름 또한 많은 변화가 생긴다. 에너지(기운)의 강약에 의해 지표면이 모두 평평하지 않을 뿐더러 기운이 강한 곳은 산의 형태가 되고, 그렇지 못한 곳은 평지의 형태로 되었다고 볼 수 있다.

이런 논리로 본다면 섬에도 명당(혈)이 있다. 제주도에도 명당

▲ 일본의 천년 고도가 있는 광륭사 전경

(혈)이 있는 것처럼 일본에도 명당(혈)이 있다. 일본 열도는 환태평양 지진계에 속하여 대부분 화산의 분출로 생성된 토양이기 때문이다.

　일본에 지어진 절들을 살펴보며 일본의 풍수지리가 어떻게 반영되었는지 알아보자.

　일본의 천년고도가 있는 교토의 광륭사(고류사)는 신라에서 건너온 진하승이 603년에 창건하였다고 일본서기에 기록되어 있다. 이곳은 일본인들이 자주 찾는 사찰로 이곳에 있는 전각들은 풍수지리와는 연관성을 찾아보기 힘들다.

▲ (좌) 일본 나라에 있는 **법륭사** (우) **법륭사**는 현존 세계 최고의 목조 건축물로 고구려의 담징이 그린 금당벽화가 있는 곳으로도 유명하다.

나라현에 위치한 법륭사(호류사)는 성덕종의 총본산이다. 607년에 창건되었으나 670년 화재로 소실되었다가 689년 재건한 것으로 현존하는 세계 최고의 목조건물이다.

616년 일본으로 건너간 고구려 화가 담징이 그린 금당벽화 원본은 670년 화재로 소실되었다. 법륭사는 풍수의 제반 조건에 맞게 지어졌으며 담징의 금당벽화가 있는 건물은 명당(혈)에 정혈되었다고 볼 수 있다.

교토에서 순례객의 참배가 끊이지 않는 청수사(淸水寺)는 778년 한 현인이 꿈속에서 '맑은 샘을 찾아가라.'는 계시를 받고 지은 것이라고 한다. 그는 오토와 폭포 근처에 이르러 마침 수행 중이던 한 선인을 만나 관세음보살의 영험함을 담은 영목(신령스러운 나

▲ (좌) 일본 교토에 청수사 (우) 청수사에 있는 오토와 폭포

무)을 받아 천수관음상을 조각하여 선인의 옛 암자에 바쳤는데 이
것이 절의 기원이 되었다.

사찰은 여러 번의 화재로 소실되었으며, 현재의 건물은 1633년
재건된 것이다. 일본 국보인 본당과 열다섯 개의 중요문화재가
있는 일본 굴지의 명찰이다. 청수사의 본당과 몇 개의 전각은 풍
수지리에 입각하여 명당(혈)에 건축되었음을 알 수 있다.

나라에 있는 동대사(東大寺)는 길이 57m, 너비 50m, 높이 47.5m
로 세계에서 가장 큰 목조 건물로 유명하다. 또한 세계에서 가장
큰 비로자나불이 있는 곳이기도 하다. 그래서 일본인들은 세계7
대 불가사의에 이곳을 넣기 위해 갖은 애를 쓰기도 한다.

745년 창건되었으나 화재로 소실되었다가 1709년에 재건되었

▲ (좌) 나라현에 있는 동대사는 세계문화유산 등록되었다. (우) 세계에서 가장 큰 목조 건축물인 동대사

다. 동대사의 대불이 놓여 있는 위치는 풍수상 완전히 정혈되지는 않았지만 풍수지리를 감안한 것으로 확인할 수 있다.

교토에 있는 이조성(二條城)은 1603년 도쿠가와 이에야스가 건축한 것으로 풍수지리상 명당(혈)에 따라 건물을 축조한 것으로 확인할 수 있다.

이상의 여러 사례들로 보아 일본은 풍수지리에 의해 중요 건물을 축조했음을 알 수 있다. 그렇다면 일본에 풍수지리가 전래된 것은 언제일까? 임진왜란 이후로 보이나 그 이전에도 풍수지리에 대한 징후들이 보인다.

중국 당나라 태종 때 강소성에 있는 한산사에 있던 습득 스님(627년~649년)이 일본으로 건너가 일본 불교에 많은 공헌을 하여

▲ (좌) 일본 천왕릉. (우) 중국 강소성에 있는 한산사의 괴승으로 알려진 습득 스님과 한산스님의 부처상

일본인들이 감사의 표시로 한산사에 큰 탑을 지어주었는데,(1998년) 한산사의 한화전과 태화전은 모두 명당(혈)에 정혈되어 있다.

습득 스님이 어떻게 일본에 건너갔는지 알 수 없으나 당시 불교가 발전하기 위해서는 명당(혈)에 부처님을 모셔야 한다는 것쯤은 알고 있었을 것이다.

당시 풍수지리는 불교계에서 어느 정도 접근할 수 있는 신학문으로 발전하였을 것으로 본다. 한반도에서 신라의 자장율사가 공개적으로 풍수지리를 천명하지 못한 것처럼, 일본 열도에서 습득 스님도 일본에 건너가 일본 불교 중흥을 위해 같은 방법을 사용하였을 것이다.

세계 최고의 명당 도시
이스탄불

오리엔트 특급열차는 유럽의 명품도시 파리에서 출발하여 스위스의 로잔, 이탈리아의 베네치아, 유고의 베오그라드, 불가리아의 소피아를 거쳐 이스탄불에 도착한다. 애거사 크리스티의 소설 『오리엔트 특급살인사건』에서 처음 이 열차를 알게 되었을 때 경이로움과 환상을 가지기에 충분했다.

이스탄불은 콘스탄티노플로 역사에 오랫동안 등장해 세계인의 동경이 되었던 도시이다.

196년 로마 제국에 함락된 후 326년에 콘스탄티누스 황제가 이곳을 로마의 새 수도로 정하면서 콘스탄티노플로 새롭게 태어나게 되었다. 1453년 5월 29일 오스만 제국에 함락되어 메메드 2세의 치하에 잠시 이스탄불로 명명되다가, 1923년 터키공화국이 수

▲ 유럽 대륙의 기운과 아시아 대륙의 기운이 보스포러스 해협에서 만난다.

립되면서 수도가 앙카라로 옮겨졌고, 1930년 콘스탄티노플은 이
스탄불로 공식 개명되었다.

'인류 문명의 살아 있는 거대한 야외 박물관'이란 역사학자 토
인비의 말처럼, 이스탄불에는 베아지트 광장을 중심으로 반경
1km 이내에 인류가 이룩한 반만 년 역사의 문화유산이 그대로
살아 숨 쉬고 있다.

메소포타미아 문명과 고대 오리엔트 문명에서 그리스로마 문
화, 초기 기독교 문화, 비잔틴 문화와 이슬람 문화가 서로 융합하

▲ (좌) 성스런 지혜란 뜻을 가진 하기아소피아 박물관은 모스크와 성당으로써의 면모를 갖추고 있는 세계 유일의 현존하는 박물관이다. (우) 하기아소피아 박물관 내부의 성당일 때의 모습. 오스만 제국이 동로마제국을 무너뜨린 후 성당 내부에 있는 기독교 문화를 파괴하지 않고 덧칠을 해 가린 후 모스크로 사용했음을 볼 수 있다.

며 각자 나름의 독특한 문명을 만들어 갔다. 이스탄불은 동양과 서양, 옛것과 새것이 절묘하게 조화를 이룬 세상에서 가장 환상적인 도시이다.

이스탄불의 세계적 문화유산 중 하나인 하기아소피아 박물관은 360년 처음 건축된 후 두 차례의 화재를 겪었다. 그리스정교회의 총본산이었는데 1453년 5월 29일 오스만 제국에 점령된 후 이슬람 사원으로 사용되었다. 도색이나 덧칠을 하고, 미나레트(첨탑)를 건축한 것이다.

1923년 터키공화국이 수립된 후 유럽 각국은 하기아소피아의 반환과 복원을 요구했고, 터키 정부는 종교적 목적의 사용을 금

▲ (좌) 술탄 아흐메드 회교사원. 일명 '블루모스크'라 한다. (우) 블루모스크 내부 전경

하고 이곳을 박물관으로 운영하고 있다. 현재 이곳은 성당과 모스크의 흔적이 공존하고 있는 곳이다.

톱카프 궁전은 하기아소피아 박물관 바로 옆에 있는 보스포러스 해협의 전략적 요충지에 건립된 오스만 제국의 왕궁이다. 중국의 자금성과 비슷한 형태로 건축되었다고도 한다(문이 여러 개 있음). 250개의 방으로 구성되었으며, 중국과 일본의 도자기 1만 350점을 소장하고 있는데 안타깝게도 한국의 도자기는 찾아보기 힘들다. 그리고 수많은 보석들을 전시하고 있다.

톱카프 궁전, 하기아소피아 박물관, 블루모스크는 같은 선상에 건축된 건축물로, 이스트란카 산맥의 끝자락(용진처)에 지어졌다.

▲ 이스트란카 산맥의 끝자락(용진처)에 건축된 블루모스크, 하기아소피아 박물관, 톱카프 궁전
(출처 : 포털 구글 지도)

▼ 마르마라 해변에 축조된 돌마바흐체 궁전 (출처 : 포털 구글 지도)

돌마바흐체 궁전은 베르사유 궁전을 모델로 한 건축물이다. 해변에 가까운 곳에 지어진 곳으로, 현존하는 세계의 궁전 중에서 가장 화려하다는 평을 받고 있다. 금 14톤, 은 40톤이 사용되었으며, 1만 5,000㎡ 면적에 방 235개, 연회장 43개, 터키식 욕탕 6개, 홀 43개, 화병 280개, 시계 156개가 있다. 또한 크리스탈 촛대 58개와 샹들리에 36개가 찬란하게 호화로움을 밝히고 있다.

가로 세로 길이가 40m에 중앙 돔의 높이가 36m나 되는 대형 연회장인 '황제의 방'에 걸려있는 샹들리에는 영국 빅토리아 여왕이 기중한 것으로 무게가 4.5톤이나 되는데, 750개의 등이 달려있다. 결국 오스만 제국이 이 궁전을 축조하는 과정에서 국고를 탕진하여 망하였다고 할 수 있다.

유럽의 지붕이라고 일컫는 알프스 산맥(최고봉 : 몽블랑 4,807m)에서 출발하여 발칸 반도를 형성하는 주된 산맥인 디나르알프스 산맥(최고봉 : 코라프산 2,764m)은 두 갈래로 나뉘는데, 한 맥은 그리스로, 다른 한 맥은 마케도니아 쪽으로 뻗는다. 마케도니아 쪽으로 뻗은 맥은 마케도니아 산맥으로 이어져 로도페 산맥(최고봉 : 무살라봉 2,925m)에 다다라 다시 발칸 산맥 쪽에서 완만한 구릉 형태의 산맥으로 변하고, 이스트란카 산맥으로 길게 이어져 오다가

▲ 토카프 궁전에서 바라본 모습. 보스포러스 해협과 멀리 유럽 대륙과 아시아 대륙을 연결하는 다리가 보인다.

좌측의 흑해와 우측의 마르마라해에 접하면서 보스포러스 해협을 만나 행룡을 멈춘다. 그렇게 용진처에 건설된 도시가 바로 이스탄불이다. 즉, 이스탄불은 풍수적 관점에서 볼 때 대륙의 기운이 뭉친 명당이라 할 수 있다.

　이스탄불은 유럽 대륙의 기운과 아시아 대륙의 기운이 보스포러스 해협을 서로 마주하면서 멈춘 곳에 형성된 도시이므로, 동로마 제국의 수도로 1,100년, 오스만 제국의 수도로 500년, 즉 1,600년 동안 유럽 역사의 중심에 서 있을 수 있었던 것이다.

이스탄불이 나라의 수도로 오랫동안 지속될 수 있었던 것은 이스탄불만이 가지고 있는 자연적 특성 때문이다. 유럽과 아시아 대륙에서 출발한 엄청난 기운이 보스포러스 해협 때문에 다른 곳으로 이어지지 못하고, 산의 끝자락(용진처)에서 모든 기운을 토해내는 곳에 바로 이스탄불이라는 도시가 건설되었기 때문이다.

이 도시는 유럽과 아시아의 만남의 시작인 동시에 종착지에 해당된다. 동양과 서양의 문물이 모이고, 또한 이곳에서 다른 곳으로 이동된다. 중국의 장안에서 출발한 실크로드의 상인들의 최종 종착지가 이곳이었다.

그런데 세계의 중심이었던 도시가 지금은 화려했던 과거의 옛 모습을 잃은 채 추억에 젖어있는 것 같은 인상을 준다. 자연은 예나 지금이나 변함없이 자신의 특성대로 계속 작용하고 있지만, 인간은 편할 때는 과거의 고통스러웠던 것을 모두 잊고 살기 때문이다.

거대한 오스만 제국도 자기도취에 빠져 새로운 문물에 대한 자기혁신을 게을리 한 탓에 결국 제1차 세계대전 때 독일과 동맹국을 형성하였다가 패전해 강대국에 의해 국토가 사분오열되었으며, 겨우 유럽 쪽의 이스탄불과 동쪽의 산악구릉 지역이 대부분인 현재의 영토만 남게 되었다. 국토의 균형 발전을 이유로 수도가 내륙인 앙카라로 이전되어 이스탄불은 문화 경제의 중심도시로 남아 있지만, 인구가 매년 증가일로에 있다(현재 약 13백만 명에 육박한다).

그러나 이 도시는 유럽 대륙과 아시아 대륙의 기운이 뭉쳐 있는 세계 최고의 명당 도시이므로 언제가 위대한 통치자가 나타나면 다시 세계의 중심으로 우뚝 서게 될 것이다.

┃ 참고문헌 ┃

◉ 한국문헌 ◉

『명산론』, 채성우 저, 김두규 역, 비봉출판사, 2002

『부자되는 양택 풍수』, 정경연 저, 평단, 2005

『사마천 사기』, 사마천 저, 스진 편, 노만수 역, 일빛, 2009

『삼국유사』, 일연 저, 박성봉 고경식 역, 서문문화사, 1985

『삼국사기』, 김부식 저, 박광순 역, 하서, 1997

『서울풍수』, 장영훈 저, 담디, 2004

『세계를 간다』, 랜덤하우스 중앙, 2005

『송시열과 그들의 나라』, 이덕일 저, 김영사, 2001

『스무날 동안의 황토기행』, 임중혁 저, 소나무, 2005

『여행이야기』, 김선균 저, 예인, 2005

『용수정경』, 장익호 저, 현대문화사, 1995

『왕릉풍수와 조선의 역사』, 장영훈 저, 대원미디어, 2000

『우리시대의 풍수』, 조인철 저, 민속원, 2008

『위대한 발굴』, 이병철 저, 가람기획, 2001

『정통풍수지리』, 정경연 저, 평단, 2003

『조선의 명풍수』, 김문기 저, 이화문화, 2001

『조선의 풍수』, 무라야마지준 저, 정현우 역, 명문당, 1991

『조선 풍수학인의 생애와 논쟁』, 김두규 저, 궁리출판, 2000

『지리오결』, 조옥재 저, 신평 역, 동학사, 2001

『지리 인자수지』, 서선계 · 서선술 저, 김동규 역, 명문당, 1999

『진시황제』, 쓰루마가스유키 저, 김경호 옮김, 청어람미디어, 2004

『청와대 풍수논쟁』, 최세창 저, 돋을새김, 2007

『풍수명당이 부자를 만든다』, 박정해 저, 평단, 2010

『풍수의 정석』, 조남선 저, 청어람M&B, 2010

『풍수의 한국사』, 이은식 저, 다오름, 2004

『하늘에 새긴 우리 역사』, 박창범 저, 김영사, 2002

『한권으로 읽는 조선왕조실록』, 박영규 저, 들녘, 1996

『호순신의 지리신법』, 김두규 편역, 장락, 2001

『황제의 무덤을 훔치다』, 웨난 외 저, 정광훈 역, 돌베개, 2009

『조선왕조실록』, 국사편찬위원회 홈페이지

▣ 논문 ▣

「창덕궁의 풍수지리적 입지에 관한 연구」, 대구한의대 석사논문,
조남선, 2005

「풍수의 사회적 구성에 기초한 경관 및 장소 해석」, 권선정 저,
한국교원대학교, 2003

「풍수지리의 정혈법에 관한 지리학적 연구, 대구가톨릭대학 박사논문,
윤태중, 2008

▣ 중국문헌 ▣

『가거풍수100문』, 단명산 저, 화문출판사, 2005

『생존풍수학』, 장명량 저, 학림출판사, 2005

『심룡점혈』, 왕옥덕 저, 중국전영출판사, 2006

『중국도묘』, 화박 저, 중국우의출판사, 2006
『중국역대 제왕릉』, 대연출판사, 2007
『중국 풍수문화』, 고우겸 저, 단결출판사, 2004
『풍생수기』, 임휘인 저, 단결문화사, 2007
『중국풍수문화』, 고우겸, 단결출판사, 2004

풍수랑 놀면
부자가 된다

박종경 지음

1판 1쇄 발행 2011년 2월 10일

발행인 | 서경석

편집 | 정재은 · 조수희   마케팅 | 예경원 · 서기원 · 소재범
디자인 | 장형준 · 정용숙

발행처 | 청어람M&B   출판등록 | 제313-2009-68호
주소 | 경기도 부천시 원미구 심곡2동 163-2 서경B/D 3F (우)420-822
전화 | 032) 656-4452   전송 | 032) 656-4453

ⓒ박종경, 2011

ISBN 978-89-93912-48-7 03980